뇌, 춤추는 미로

 뇌, 춤추는 미로

■ 기획·편집
엮은이 : 김미경
발행인 : 김두희
편　집 : (주)동아사이언스 출판팀
편집 위원 : 김태호, 신광복
　　　　　(서울대학교 과학사 및 과학철학 협동과정, 박사과정)
디자인 : (주)동아사이언스 디자인팀
일러스트 : 김학수·박현정 외
사　진 : GAMMA 외
발행처 : (주)동아사이언스　http://www.dongascience.com
　　　　120-715 서울시 서대문구 충정로 139 동아일보사옥 3층
　　　　Tel.(02)6749-2000, Fax.(02)6749-2600
E-mail : science@donga.com

■ 출판·공급
펴낸이 : 주성우
펴낸곳 : 도서출판 성우
　　　　121-839 서울시 마포구 서교동 383-18 진성빌딩 2층
　　　　Tel.(02)333-1324, Fax.(02)333-2187
홈페이지 : www.sungwoobook.com

가　격 : 12,000원

ⓒ DongaScience&Sungwoo. 2001. Printed in Seoul, Korea.
ISBN 89-88950-56-9　03470

· 잘못된 책은 바꾸어 드립니다.
· 이 책의 모든 자료는 (주)동아사이언스의 동의 없이는 사용할 수 없습니다.

뇌, 춤추는 미로

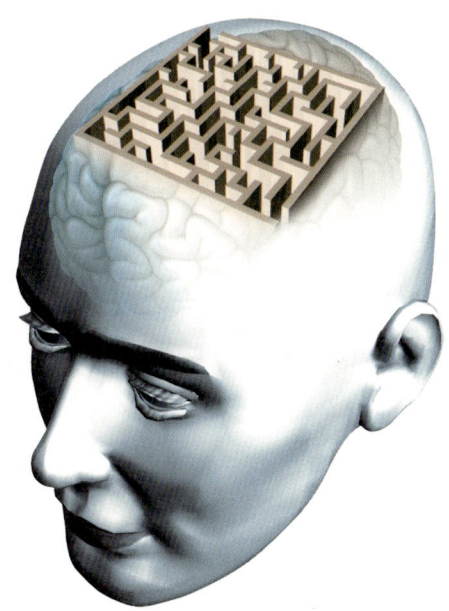

[선생님도 놀란 과학 이야기]

Prologue

발 간 사

'과학' 하면 무엇이 제일 먼저 떠오를까요?
저마다 조금씩 다르겠지만, 과학교과서를 떠올리는 사람들에게
과학은 그리 유쾌한 이름이 못되는 것 같습니다.
숫자와 공식으로만 표현되는 과학이 어렵고 재미없게
느껴지는 것은 어쩌면 당연한 일일 것입니다.
하지만 과학의 본래 모습은 너무나 친근한 우리들 삶의 모습입니다.
과학은 인간의 삶을 발전시키는 힘이며,
그 변화를 만든 사람들의 끊임없는 노력이기 때문입니다.

그래서 누구나 친구를 사귀듯이 과학에 관심을 가지고 들여다보고,
바로 보고, 또 뒤집어도 볼 수 있는 책이 필요하다고 생각했습니다.
빛, 물, 소리… 우리가 일상생활에서 자주 접하는 소재를 통해
인간의 몸과 자연을 관찰하고, 도구와 기술의 발전을 따라가고
그것을 연구한 사람들의 삶과 역사, 그리고 문화를 살펴보면서
누구나 과학의 매력에 흠뻑 빠질 수 있는 책을 만들고 싶었습니다.
이 책이 과학교과서를 뛰어넘어 교실에서, 교실 밖에서
과학을 재미있게 나누는 이야깃거리가 된다면 더없이 기쁘겠습니다.

(주) 동아사이언스 대표이사 김 두 희

[선생님도 놀라 학교에 가다] ⑱ 뇌, 춤추는 미로

두뇌는 소우주라 불리는 것처럼 신체 기관 중에 가장 복잡한 구조로 돼있으며 아직까지 풀지 못한 비밀이 무궁무진하다. 그러나 과학기술의 발달에 힘입어 조금씩, 아주 조금씩 그 비밀이 밝혀지고 있다. 뇌의 해부학적인 구조뿐만 아니라 기억의 메커니즘, 뇌질환의 원인과 치료, 알코올·약물이 뇌에서 어떻게 작용하는가 등등. 자, 이제부터 알고 싶었던 뇌의 신비를 분자생물학적으로 접근해보도록 하자.

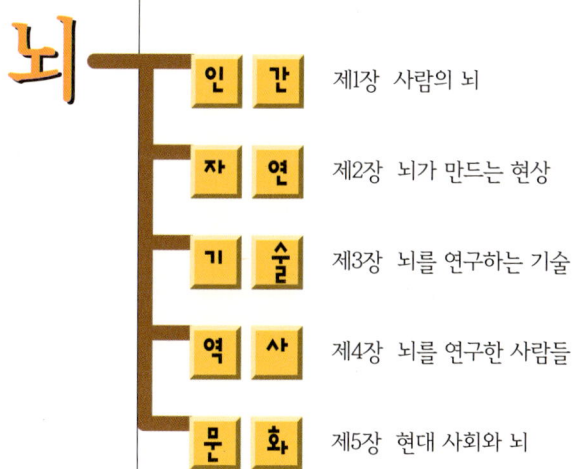

뇌
- 인 간 — 제1장 사람의 뇌
- 자 연 — 제2장 뇌가 만드는 현상
- 기 술 — 제3장 뇌를 연구하는 기술
- 역 사 — 제4장 뇌를 연구한 사람들
- 문 화 — 제5장 현대 사회와 뇌

교과서 속의 '뇌'

· **중학교 2학년** – 감각기관, 신경계와 내분비계
· **공통과학(고1)** – 감각기관에서의 자극을 수용하는 방식, 신경과 호르몬의 조절작용
· **생물 I** – 감각기관의 구조와 기능, 뉴런, 중추신경계와 말초신경계의 구조와 기능
· **생물 II** – 생물의 다양성과 환경

[선생님도 놀란 과학뒤집기] ⑱ **뇌** 춤추는 미로

인간 1

사람의 뇌

(1) 뇌의 기원　12
동물들만의 특권?!

(2) 신경 전달　18
어떻게 신호를 보낼까?

(3) 뇌세포　22
굴드 박사의 실험

(4) 남녀의 뇌　28
다를까, 같을까?

(5) 아기의 뇌　38
태교와 아기의 두뇌발달

탐구마당
Science Adventure

자연 2

뇌가 만드는 현상

(1) 기억의 원리　46
기억은 어떻게 이뤄질까?

(2) 생체시계　56
몸 안에 시계가 있다!

(3) 잠　62
잠은 꼭 자야 하나?

(4) 꿈　74
뇌가 만들어낸 합성 작용

(5) 사랑　80
심장인가, 두뇌인가?

탐구마당
Cross Words Puzzle

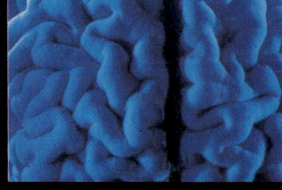
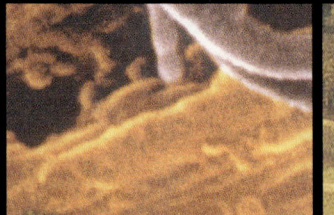

CONTENTS

기술 3

뇌를 연구하는 기술

(1) 뇌파 86
    뇌에서 발생되는 전류

(2) 뇌파학습기 94
    노력만이 기적을 만든다

(3) 인공두뇌 104
    터미네이터, 만들 수 있나?

(4) 정신유전자 112
    생각도 유전될까?

(5) 정신질환 118
    치매, 우울증 그리고 자폐증

탐구마당
Science Adventure

역사 4

뇌를 연구한 사람들

(1) 좌뇌와 우뇌 128
    초상화의 비밀

(2) 마취의 역사 134
    잠들게 하는 기술

(3) 뇌 수술의 역사 140
    선사시대 때 뇌 수술했다

(4) 식인종 포어족 144
    뇌와 관련된 작은 얘기

탐구마당
Science Story

문화 5

현대 사회와 뇌

(1) 술과 뇌 150
    술이 뇌에 미치는 영향

(2) 약물중독 156
    뇌를 망가뜨리는 약

(3) 제3의 성 162
    몸은 남성, 마음은 여성

(4) 뇌사 174
    무엇이 진정한 죽음인가?

탐구마당
Cross Words Puzzle

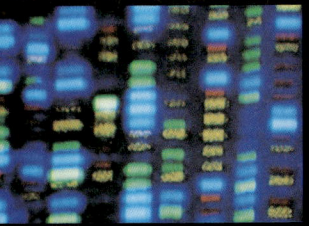
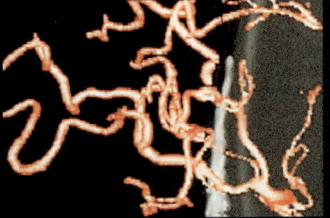
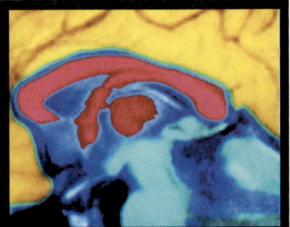

서바이벌 퀴즈

- 인간의 뇌가 거대하게 진화된 이유는 무엇일까?
- 뇌신경세포들이 서로에게 신호를 보내기 위해 분비하는 물질에는 어떤 것들이 있을까?
- 지도를 보고 길을 찾아갈 때 남성과 여성이 취하는 전략은 어떻게 다를까?
- 피부접촉은 아기의 두뇌발달에 어떤 영향을 미칠까?

본문을 읽고 서바이벌 퀴즈를 풀어봅시다. 막히지 않고 풀 수 있다면…

도대체 인간의 뇌가 왜 이렇게 커졌는지, 뇌 신경세포들끼리는 어떻게 신호를 주고받는지에 대해 알아보고, 남성과 여성 뇌의 차이점을 살펴본다.

1 사람의 뇌

1 뇌의 기원
동물들만의 특권?!

2 신경 전달
어떻게 신호를 보낼까?

3 뇌세포
굴드 박사의 실험

4 남녀의 뇌
다를까, 같을까?

5 아기의 뇌
태교와 아기의 두뇌발달

뇌, 춤추는 미로

뇌의 기원
동물들만의 특권?!

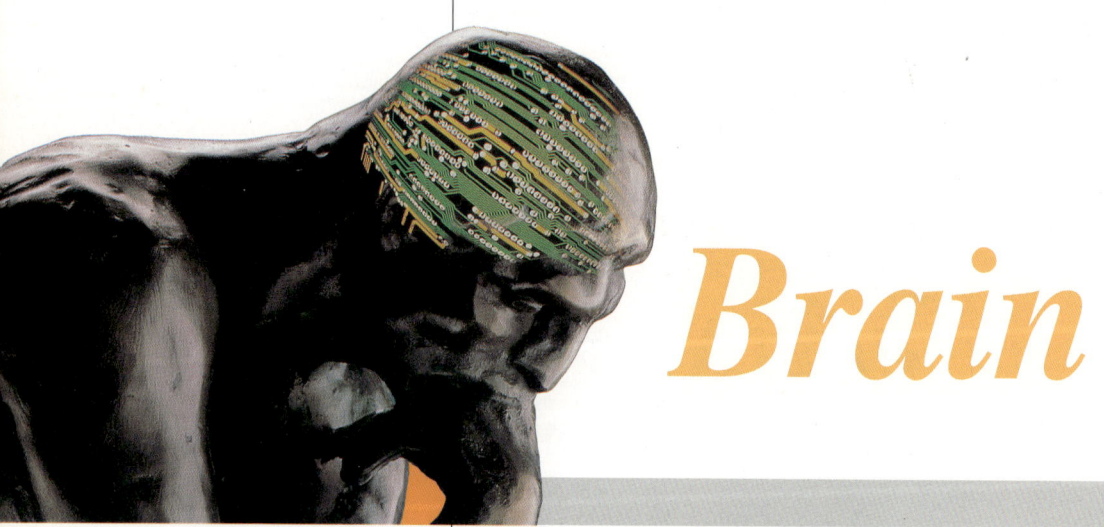

○ 기억 기능이 없다면 인간이 현재와 같은 문명을 이룩하지 못했을 것이다.

왜 동물에게만 뇌가 있을까? 식물은 왜 뇌가 없을까? 대답은 간단하다. 동물은 움직이기 때문에 뇌를 필요로 하고, 식물은 자율적으로 움직이지 않기 때문에 뇌가 필요하지 않다. 그렇다면 움직이는 데 왜 뇌가 필요한 것인가?

뇌의 탄생

동물은 움직이기 위해 지구의 중력에 저항하면서 수축운동을 하는 근육을 발달시켰다. 그리고 수축운동을 신속하고 차질 없게 하기 위해 신경이라는 전기적 신호망을 온몸에 구축했다. 이러한 신경이 수만, 수억 개씩 모인 것이 동물의 뇌다. 즉, 뇌란 동물이 움직여서 먹이를 획득하고 개체를 유지해 가기 위해서 만든 전기적 정보체계인 것이다.

원시적인 동물인 바다 속의 산호와 해면에는 근육과 신경이 발달돼있지 않다. 해파리, 말미잘과 같은 강장동물에 이르러서야 비로소 온몸에서 원시적인 근육과 신경이 보이게 된다. 더 진화된 연체동물(조개, 낙지, 오징어)이나 절지동물(곤충, 거미, 게) 등에서 신경은 더욱 발달해 체내의 여기저기에 신경이 수만 개씩 모여 '신경절'이라는 일종의 작은 뇌를 만든다. 따라서 낙지나 오징어, 곤충, 거미 등은 뇌가 신체 여기저기에 흩어져있는 셈이다.

척추동물에 이르면 몸의 여러 곳에 흩어져있던 신경절이 등과 머리 쪽으로 모이게 됨으로써 운동과 감각기능을 적절하게 조절하고 제어하는 조절센터로 기능하게 되는데, 이것이 바로 뇌다. 이와 같이 뇌는 척추동물처럼 진화가 상당히 진행된 이후에 생겨났고 동물의 진화와 함께 빠른 속도로 발달한 기관이다.

❋ 곤충의 뇌는 어디 있을까? 곤충의 뇌는 신체 여기저기에 흩어져있다고 한다.

척추동물의 뇌의 진화

척추동물의 단계가 되면서 그때까지 온몸에 산재돼있던 작은 뇌(신경절)가 신체의 등쪽으로 모이며, 척추 속에 척수라고 하는 한 가닥의 커다란 뇌를 만들게 된다. 그리고 그 척수의 앞부분과 윗부분이 더욱 커지고 팽창해 마침내 뇌다운 뇌를 형성하게 됐는데, 이것이 척추동물의 시조인 어류의 뇌다. 어류의 뇌는 아주 작고 뇌에 비해 척수가 크지만, 뇌를 가지게 된 덕분에 어류는 바다를 제패하게 됐다.

○ 대뇌피질 뇌의 90%를 차지하는 대뇌피질은 인간으로 진화하면서 급격하게 커졌다.

어류에서 양서류, 파충류로 진화해 나가면서 뇌도 조금씩 커져간다. 그런데 소뇌의 발달은 매우 흥미로운 양상을 보인다. 양서류의 소뇌는 오히려 퇴화된 것처럼 보이고 파충류의 소뇌도 어류의 것과 크게 다르지 않다.

중력의 영향이 적은 물 속에서라면 어류의 소뇌를 가지고도 충분히 운동할 수 있지만 땅위에서는 그렇게 되질 않는다. 따라서 파충류들은 재빠르고 정교하게 운동하지 못하고 그저 어슬렁어슬렁 걸어다녔을 것이다.

소뇌는 조류에 와서 극적으로 발달하게 되는데, 그 크기는 포유류의 것보다도 더 거대한 것으로, 이 거대한 소뇌에 의해 조류는 하늘을 나는 것이 가능해졌다. 육지에서만 사는 척추동물에서는 뇌의 가장 앞쪽과 위쪽 부분인 대뇌가 더욱 커지고 발달하게 됐고, 인간에 이르러서는 이 대뇌부위가 극도로 커졌다. 그리고 인간은 직립보행으로 인해 손을 사용할 수 있게 됐는데, 이것이 뇌에 자극을 줘 더욱 뇌를 크게 만들었다. 다른 척추동물들의 몸과 뇌의 크기를 비교해보면, 인간의 뇌는 기형적이라 할 만큼 거대하다. 거대하게 발달된 인간의 뇌는 생존을 위한 운동과 감각의 제어와 조절이라는 본래의 역할을 벗어나 인간을 인간답게 하는 정신기능을 창출하기에 이르렀다.

인간 뇌의 해부학적인 구조

자, 이제부터 뇌 진화의 정점에 있는 인간의 뇌에 대해 살펴보자. 겉보기에 뇌의 모습은 분홍빛 물을 많이 머금은 두부나 젤리와 같은 모양인데 표면에는 주름이 많으며 위에서 보면 좌우 둘로 나눠져있다. 이 같은 겉모습만으로는 상상도 할 수 없지만 뇌의 실체는 수천억 개의 신경세포 집합체다.

다른 동물에 비해서 인간의 뇌는 대뇌가 극단적으로 커서 뇌의 75% 정도를 차지하며 그 밖의 뇌는 이 거대한 대뇌 밑에 감춰져있다. 이렇게 발달한 대뇌의 표면 대부분은 대뇌피질이라고 불리는 것이 차지하고 있다. 대뇌피질은 온통 주름투성이며, 주름을 펼치면 그 표면적은 신문지 한 면이나 될 정도다.

● 뇌간

인간의 대뇌가 거대하다고 해도 본래 원시적인 어류의 척수에서 발달해온 것이므로 척수가 모든 뇌의 뿌리인 셈이며, 그 척수에서 직접적으로 발달한 부분을 통틀어 뇌간이라고 부른다. 어류 단계에서 이미 눈, 코, 입 등의 정보기관으로부터 많은 정보가 들어오기 때문에 그에 따라서 척수의 앞부분이 비대해지기 시작해서 뇌간이 발달됐다. 따라서 뇌간과 척수는 이어져 붙어있고 질적으로도 같은 뇌다. 뇌간은 척수에서 가까운 부분부터

뇌, 춤추는 미로

● 네안데르탈 사람이 소, 붉은사슴 등을 잡아먹었던 반면 현대 인류의 조상은 주로 민물고기나 물새, 조개류 등을 주식으로 삼았고, 그 결과 해산물에 함유된 DHA가 두뇌발달을 촉진했다.

연수, 교, 중뇌, 시상, 시상하부의 다섯 부분으로 구별되며, 인간의 생명을 유지하는 데 없어서는 안 되는 뇌다.

● 소뇌

소뇌는 뇌간과 거의 비슷한 크기며, 소뇌의 가장 중요한 기능은 신체 각 부위의 운동을 조합해 평형을 유지하고, 운동이 원활하게 이뤄지도록 정교하게 조정하는 일이다. 그렇기는 하지만 인간의 경우에 운동을 최종적으로 관장하고 있는 것은 대뇌피질의 운동령이라고 불리는 곳이다.

● 대뇌

인간의 대뇌는 다른 동물들보다 5~10배나 큰데, 그 형성 과정에 의해 두 부분으로 나뉜다. 하나는 동물시대부터 있었던 부분이며 또 하나는 인간으로 진화되는 과정에서 급격하게 커진 부분으로 전자는 대뇌기저핵과 대뇌변연계이고 후자는 대뇌피질이다.

인간의 뇌에서는 급격하게 커진 대뇌피질 부분이 대뇌 둘레의 표면을 차지했기 때문에 동물시대부터의 대뇌는 안쪽과 변두리로 밀려났는데, 안으로 밀려들어간 부분을 대뇌기저핵, 변두리로 밀려난 부분을 대뇌변연계라고 부른다. 이들 뇌는 대뇌피질과는 달리 인간의 본능적인 운동과 행동을 관장하는 부분으로 '동물의 뇌'라고 불린다.

대뇌피질은 뇌의 90% 정도를 차지하며, 좌우로 나뉘어져있지만 그 사이는 뇌량으로 연결돼 있어서 좌우 뇌가 서로 조화를 이뤄 활동하게 된다. 그러므로 이 뇌량이 절단된 환자는 특수한 상황에서 언어장애 등을 겪을 수 있다.

대뇌피질은 외부로부터 들어오는 자극정보를 판단해 행동을 결정하고 사물의 이치를 탐구해 말하고 기호화해 문장을 쓰고, 이성행동을 하는 한편, 뇌간과 대뇌변연계가 하는 일을 협력하고 억제하면서 인간으로 하여금 문화를 이루고 사람다운 행동을 할 수 있도록 조절하고 통제한다.

대뇌피질은 네 개의 엽(葉), 즉 앞부분의 전두엽, 가운데 뒤쪽의 두정엽, 뒷부분의 후두엽과 좌우 양쪽으로 나와 붙은 측두엽으로 구성돼있다. 기능면에서 볼 때 후두엽은 눈에서 오는 자극을 받아들이는 뇌(시각령)고, 두정엽은 시각 이외의 감각을 받는 뇌다. 이들 감각계의 뇌를 '감각령'이라고도 한다.

감각령의 앞부분에 위치하는 전두엽의 뒷부분은 운동을 지령하는 '운동령' 이다. 전두엽의 앞부분 3분의 2와 측두엽은 정신활동을 관장하는 대뇌피질로 '연합령' 이라고도 한다. 연합령은 감각령으로부터 온몸의 감각을 받아 과거의 기억과 대조해 판단하고, 그 판단 결과를 운동령에 지령하는 가장 높은 자리의 뇌다. 인간의 정신이 창출되는 곳이 바로 여기다. 이 연합령은 감각령의 일부였던 것이 인간에 와서 비대해져서 앞으로 밀려나온 것이며 그에 따라서 인간의 대뇌는 기형적으로 거대하게 발달하게 됐다.

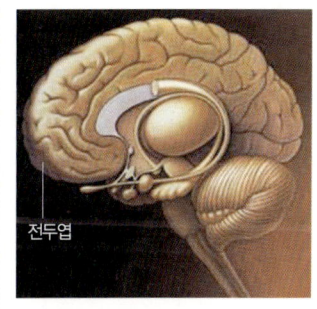
전두엽

○ 뇌의 웃음 중추 발견

우스운 얘기를 읽거나 볼 때, 다른 사람의 웃음소리를 듣거나 따라 웃는 경우에 뇌가 어떤 반응을 보이는지를 자기공명영상장치(MRI)로 촬영하고 비교한 결과, 네 경우 모두 오른쪽 눈 윗부분의 돌출부위인 전두엽 하단에서 활발한 반응이 있었다. 전두엽의 하단은 사회적 행동, 정서적 행동, 의사소통, 판단력, 자제력과도 밀접한 관계를 가지고 있는 부분으로 알려져있다.

뇌, 춤추는 미로

신경 전달

어떻게 신호를 보낼까?

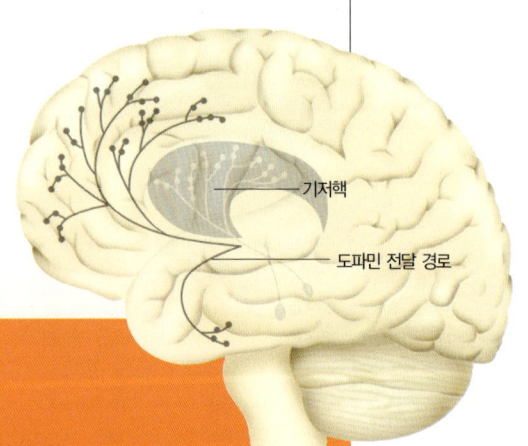

Brain

○ 뇌의 기저핵에 도파민이 많이 존재한다.

인간의 뇌는 수천억 개 이상의 신경세포로 구성돼있고 이들 간의 복잡한 네트워크를 통해 학습이나 기억과 같은 고등한 지적 기능이 발휘된다. 그런데 이 신경세포들은 어떤 메커니즘을 통해 서로에게 신호를 보낼까?

시냅스를 통한 신경 전달 물질의 분비

우리의 뇌를 구성하고 있는 신경세포 뉴런들은 시냅스(뉴런과 뉴런 사이의 미세한 결합 부위)라는 구조를 통해 서로 복잡하게 연결돼 회로와 같이 복잡한 신경망을 형성한다. 우리의 뇌가 작

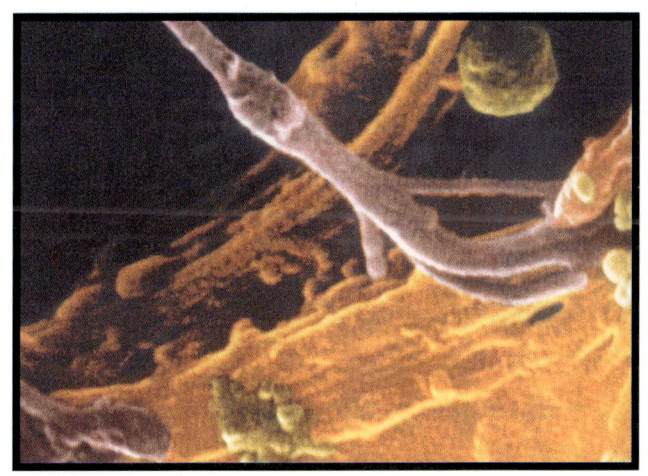

◯ 시냅스. 한 뉴런에서 다음 뉴런으로 신호가 전달되는 부분이다.

동하게 되는 이유는 신경망을 통해 신호가 전달돼 정보처리가 이뤄지기 때문이다.

 신경망에서 전기적인 신호가 시냅스를 통해 앞의 뉴런에서 뒤의 뉴런으로 전달되는 과정을 살펴보자. 일단 신호가 앞의 뉴런의 끝부분, 즉 시냅스 부분에 도달하면 신호를 전달하는 물질이 분비된다. 이 물질이 다음 뉴런에 있는 수용체와 결합해 전류가 흐르면서 새로운 신호가 발생한다. 이 메커니즘은 신호가 전달되는 가장 기본적인 형태로서 '빠른 시냅스 전달'이라고 한다. 정보처리 기구로서의 뇌의 기능은 이러한 시냅스의 신속한 신호 전달방식을 통해 이해할 수 있다.

 그러나 빠른 시냅스 전달만으로는 학습을 통한 기억이나 경험을 통한 감정처럼 오래 지속되는 현상을 설명할 수 없다. 이러한 뇌 기능을 설명할 수 있는 것이 '느린 시냅스 전달'이다. 느린 시냅스 전달에는 빠른 전달과는 다른 수용체가 관여한다. 신호를 전달하는 물질이 이 수용체에 결합하면 일정한 생화학적 신호가 만들어진다. 세포 안에서는 이 신호가 차례로 증폭되면서 신호 전달 경로가 활발해진다. 이러한 신호 전달에 의해 생체의 이온 농도가 조절되고 또 세포핵에서 일어나는 유전정보 발현에도 변화가 일어난다. 이와 같이 복잡하면서 단계적인 신호 전달 과정은 시간은 많이 걸리지만 그 효과는 증폭돼 오랫동안 유지된다.

단기 기억과 장기 기억

2000년 노벨·생리의학상 수상자 중 한 사람인 캔델은 바다달팽이에 대한 실험을 통해 학습과 기억작용이 일어날 때 시냅스에서 어떤 변화가 일어나는지를 밝혔다.

○ 단기기억과 장기기억의 메커니즘을 밝힌 켄델.

바다달팽이는 단순한 신경계를 가지고 있는 동물로 자극을 주면 신호를 전달하는 뉴런의 말단에서 신경 전달 물질인 세로토닌이 분비된다. 세로토닌은 효소를 활성화시키고, 이 효소에 의해 신경 전달 물질의 분비가 증가한다. 이러한 시냅스의 촉진현상은 오래가지 못해 '단기 기억'의 메커니즘이라고 한다. 또 같은 자극을 여러 차례 반복하면 효소는 다양한 단백질을 만든다. 이 단백질들은 시냅스를 구조적으로 강화해 시냅스 기능을 장기적으로 촉진한다. 이것은 반복학습에 의해 입력된 정보가 어떻게 오랫동안 잊혀지지 않는 '장기 기억'을 이루는지 설명해준다.

이와 같은 결과는 학습과 기억현상이라고 하는 복잡한 뇌의 기능이 간단한 신호 전달 과정을 통해 이뤄짐을 설명해주는 것으로, 각종 뇌질환 연구에 대한 새로운 실마리를 제공한다. 뇌기능을 조절하는 신경 전달 물질의 실체가 밝혀지고, 신호 전달 체계의 이상이 어떻게 신경 정신 질환을 유발시키는 가를 알게 된다면, 치매를 비롯한 뇌질환을 정복하는 길도 열리게 될 것이다.

신경 전달 물질

● **도파민** : 다른 동물에 비해 인간의 뇌에서 특별히 많이 분비되면서 고도의 정신 기능과 창조성을 발휘시키는 신경 전달 물질이다. 또한 도파민은 뇌 속에서 만들어지는 각성제로서, 쾌감의 직접적 원인이 되기도 한다. 뇌에 존재하는 도파민의 양을 인위적으로 감소시키면 운동장애가 일어난다. 뇌조직이 손상돼 근육이 마비되거나 떨리는 증세를 보이는 파킨슨병도 뇌의 기저핵 부위에서 도파민이 부족할 때 걸린다.

● **노르에피네프린** : 강력한 각성작용으로 인간의 의식을 유지하게 해주며, 희로애락의 감정을 조절해 주는 물질이다.

● **에피네프린** : 각성작용과 관계가 있고 특히 놀랄 때나 무서움을 느낄 때 많이 분비된다. 처음에는 부신에서 분비되는 호르몬이라는 뜻에서 아드레날린이라 불렀으나 최근에 뇌에서 분비되는 신경 전달 물질의 하나로 밝혀지면서 에피네프린이라고 부르게 됐다.

● **세로토닌** : 도파민과 노르에피네프린의 활동을 억제하고 제어하는 물질로, 이를 통해 쾌감과 불쾌감의 균형을 이뤄 인간의 뇌와 정신이 정상적으로 활동하게 된다.

● **엔도르핀** : 스트레스 상황에서 개체의 항상성을 유지하기 위해서 통증을 억제하고 긴장을 완화시켜 즐거움과 진통효과를 나타나게 하는 물질이다. 엔도르핀이라는 이름은 인간의 뇌 속에서 스스로 만들고 있는 뇌내 마약물질, 즉 내인성 모르핀(endogenous morphine)이라는 뜻이다.

● **아세틸콜린** : 최초로 밝혀진 신경 전달 물질이며, 기억을 비롯한 지적 기능에 중요하게 관여한다.

뇌, 춤추는 미로

뇌세포

굴드 박사의 실험

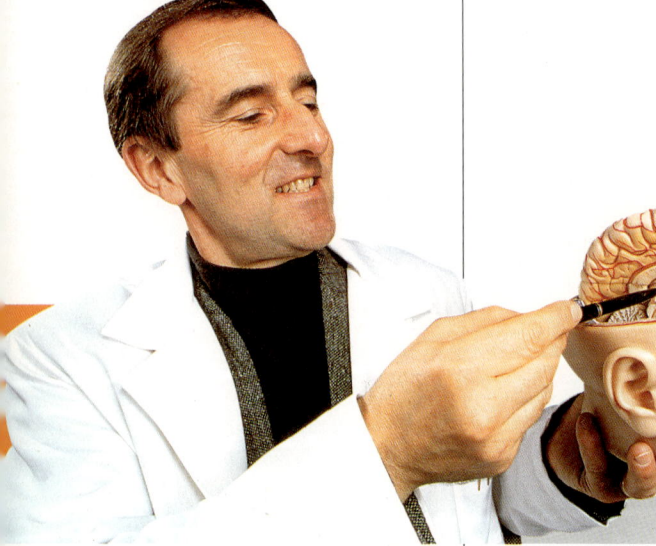

◐ 21세기에는 뇌의 손상된 부위에 신경기간세포를 이식하는 방법이 활발하게 적용될 전망이다.

20세기 초 스페인의 신경생물학자 라몬 카잘이 "포유동물의 경우 한 번 손상된 중추신경계의 세포는 재생되지 않는다"고 주장한 이후 뇌세포는 어떤 경우에도 한 번 파괴되면 재생되지 않는 것으로 알려져있었다. 하지만 생쥐와 원숭이는 물론 사람의 경우에도 뇌세포가 새롭게 생성된다는 것이 최근에 밝혀졌다.

뇌세포가 재생되는 것을 확인하다!

미국 프린스턴 대학의 굴드 박사는 어른 원숭이를 대상으로 행한 실험에서, 지적 기능을 관장하는 대뇌피질에 매일 수천 개

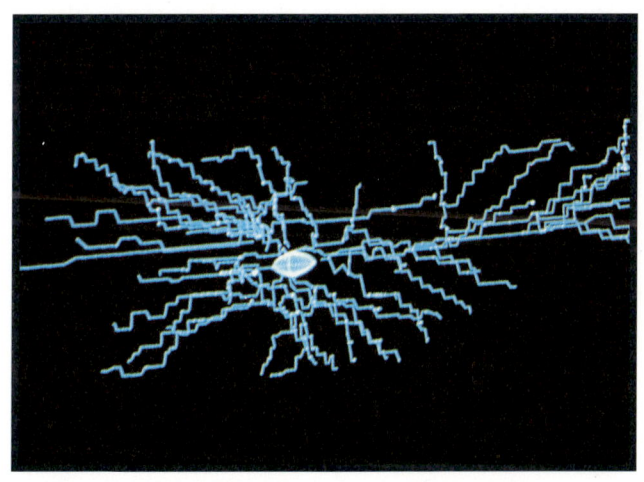

◐ 뇌에서 각종 지적 정보를 처리하는 주인공인 뉴런. 사람의 경우 출생 후에는 더 이상 증식하지 않는다고 알려져있었지만 최근 그 반대 증거가 나오고 있다.

의 새로운 뇌세포가 생성되고 있다는 점을 알아냈다. 그렇다면 인간의 경우에도 뇌세포가 계속 재생되고 있는 것이 아닐까? 그리고 파킨슨병이나 알츠하이머형 치매에 걸린 환자의 뇌에서도 이런 일이 벌어진다면 이들을 치료할 수 있는 새로운 지평이 열리지 않을까?

뇌세포는 크게 두 가지 종류, 즉 주인공인 신경세포(뉴런, neuron)와 그 보조자인 신경교세포(glia, 그리스어로 '아교'라는 뜻)로 구분된다. 뉴런은 인식이나 기억과 같은 복잡한 지적 정보를 처리하는 기능을 담당하며, 보통 한 사람의 뇌에 1백40억개 정도가 존재한다. 흔히 언급하는 뇌세포는 바로 뉴런을 뜻한다. 이에 비해 신경교세포는 뉴런보다 10배 정도 많이 존재하지만, 어떤 기능을 수행하는지는 확실히 밝혀진 바가 없으며, 단지 뉴런에 영양분을 공급하는 등의 보조적인 역할을 담당한다고 추측되고 있다.

뉴런과 신경교세포는 모두 신경기간세포(neural stem cell)로

○ 신경기간세포(▼표시 부분).
○ 화살표가 뇌졸중을 일으킨 부위. 이 신경기간세포는 뉴런으로 분화됐다.

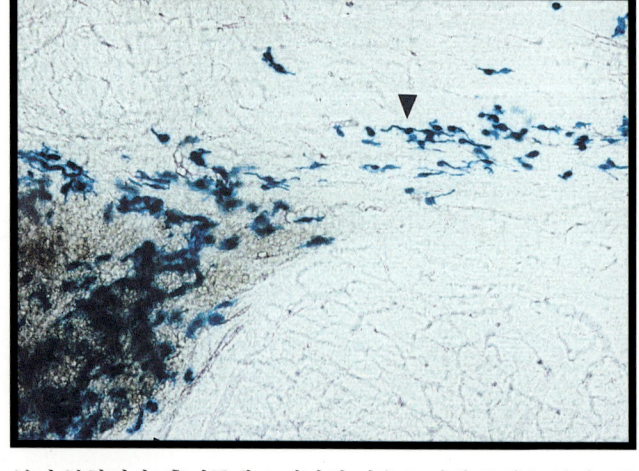

부터 분화된다. 흥미롭게도 사람의 경우 뉴런의 증식은 임신 5주에서 20주까지, 그리고 신경교세포의 경우 생후 2개월에 최대치를 기록한다. 이후 뉴런과 신경교세포 모두 증식하는 일이 없다는 게 정설이었다. 단지 신경교세포는 뉴런과 달리 뇌가 상처를 입었을 때 새롭게 증식한다는 점은 알려져있었다.

굴드 박사가 주목한 곳은 원숭이 뇌 가운데에 액체로 가득찬 방들 위쪽에 위치한 부위로 최근 신경기간세포가 새롭게 만들어진다고 알려진 장소다. 중요한 것은 이 신경기간세포가 뇌의 주인공인 뉴런으로 발달하는지 아니면 상대적으로 '쓸모 없는' 신경교세포로 분화되는지를 알아야 한다는 점이다. 그런데 관찰 결과 신경기간세포는 대뇌피질로 서서히 이동해 갔고, 놀랍게도 이곳에서 신경기간세포가 뉴런으로 발달했다. 특히 새로운 뉴런이 대뇌피질 가운데 기억이 저장되는 곳과 의사결정이 내려지는 곳, 그리고 시각적인 인지를 담당하는 두 곳 등 모두 네 군데에서 발견됐다.

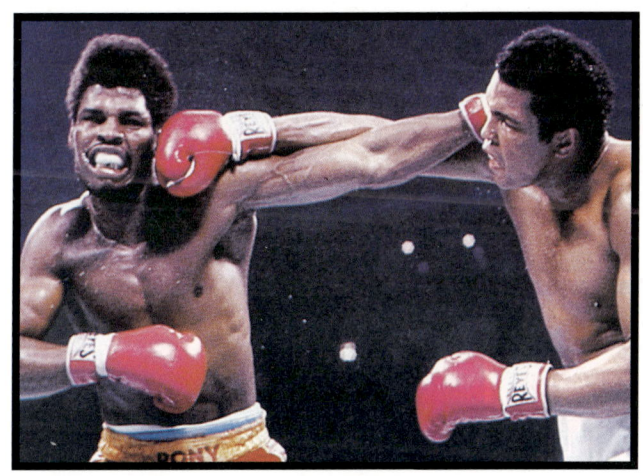

◐ 알리(오른쪽)는 현역시절 머리를 많이 맞은 탓에 파킨슨병에 걸린 것으로 추측된다.

과학자들의 특별 예우

사실 굴드 박사의 실험은 아주 새로운 것이 아니다. 1960년대 신경생물학자 알트만은 이미 생쥐의 경우 출산 이후에 뇌의 특정 부위 세 곳(대뇌의 뇌실 아래와 해마 일부, 그리고 소뇌의 바깥 부분)에서 뉴런이 계속 만들어진다는 점을 밝혔다. 이후 과학자들은 생쥐에게 새로 생성된 뉴런이 어떤 의미를 가지는지에 대해 알아내기 위해 생쥐에게 '특별 예우'를 갖춰 쾌적하고 놀이기구가 많은 공간에서 자라게 하고 이들을 먹이와 물만 제공되는 보통의 환경에서 자라는 생쥐와 비교했다.

흥미롭게도 특별 대접을 받은 생쥐의 경우 해마 부위의 뉴런이 더 많이 생겼다. 그리고 이들에게 학습력과 기억력을 테스트하자 보통의 쥐보다 훨씬 뛰어난 결과를 나타냈다. 이 결과에 따르면 새롭게 재생되는 뉴런은 지적 기능을 보완하는 역할을 수행하며, 환경에 따라 재생하는 정도가 달라진다는 추측이 가능하다.

○ 이 사람은 선천적으로 한 쪽 뇌가 손상됐지만 나머지 한 쪽으로 양 손과 다리를 모두 움직인다. 오른손을 움직이든(❶), 왼손을 움직이든(❷), 모두 한 쪽 뇌가 활동하는 모습을 볼 수 있다(붉은 부분).

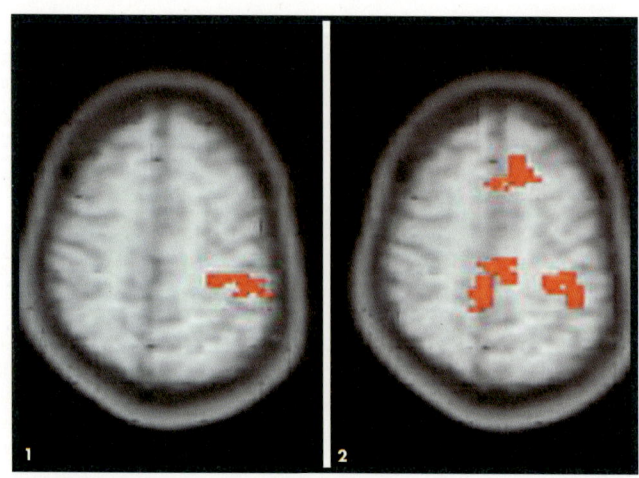

뉴런의 재생에 대한 현재까지의 연구는 대부분 동물을 대상으로 시행됐지만 사람의 경우에도 뉴런이 재생된다는 점이 밝혀진 상태다. 미국의 솔크연구소는 생명이 얼마 남지 않은 말기 암환자들의 동의를 얻은 후 연구를 실시한 결과 해마 부위에서 새로운 뉴런이 생성된다는 점을 발견했다.

모든 사람의 뇌에서 뉴런이 재생되고 있는지, 그리고 신경기간세포를 인간에게 무사히 이식할 수 있을지 현재로서는 장담할 수 없다. 하지만 이러한 실험 결과들은 현대의 최대 불치병의 하나로 꼽히는 뇌질환을 극복하는 길이 서서히 열리고 있다는 것을 암시한다.

손상된 뇌 기능도 되살릴 수 있다

뇌는 분업화된 기계다. 어떤 부위는 시각 정보를 처리하고, 어떤 영역은 언어를 맡는다. 또 어떤 곳은 손가락 운동을 담당한다. 따라서 뇌의 특정 부위가 망가지면 그 부위가 관장하던 기능도 함께 마비된다. 하지만 뇌의 일부가 손상돼도 다른 부위가 그 기능을 대신한다는 사실이 밝혀져 뇌 손상으로 고생하는 사람에게 새 희망을 던져주고 있다. 심지어 좌뇌가 손상되자 우뇌가 그 기능을 대신했다는 연구결과도 보고되고 있다.(왼쪽 페이지 사진 참조)

전북대학교의 김연희 교수는 뇌졸중 등으로 왼쪽 대뇌의 언어 영역에 손상을 입어 실어증에 빠진 일곱 명의 환자에게 몇 달 동안 언어 훈련을 시켜 말을 할 수 있게 했다. 그리고 기능적 자기공명촬영(fMRI)으로 이들의 뇌를 관찰했다. 촬영 결과 놀랍게도 왼쪽 대뇌의 언어 기능이 오른쪽 대뇌로 이동한 사실이 밝혀졌다. 일곱 명 모두 말할 때 오른쪽 대뇌가 활성화되는 것을 볼 수 있었기 때문이다. 언어와 논리를 담당하는 곳은 '지성의 뇌'인 좌뇌다. 그런데 이들 일곱 명은 '감성의 뇌'인 우뇌로 말을 하게 된 것이다.

대뇌의 운동피질이 손상되자 감각피질이 운동기능을 갖게 된 교통사고 환자도 있었다. 이 사람은 사고 뒤 팔다리가 마비됐지만, 5~6개월의 재활치료 뒤 글씨를 쓸 만큼 회복됐다. 한편, 시각장애자의 대뇌 시각피질이 필요 없게 되면서 시각피질이 청각기능을 갖게 된 사례도 외국에서 보고된 바 있다. 시각장애자가 소리에 민감해지는 것도 이 때문이다.

이러한 사례들에 대해 한국뇌학회 회장인 서울의대 서유헌 교수는 "신경세포는 다른 세포와 달리 재생이 쉽지 않지만, 자극을 주면 다른 부위에서 신경세포들 사이에 새로운 시냅스 회로가 생기고 회로가 점차 두꺼워져 잃어버린 기능을 어느 정도 되찾게 되는 것"이라고 설명했다.

◐ 축구선수는 머리를 조심해야 한다. 헤딩을 자주 해야 하는 축구선수들이 경기 중 입은 약한 뇌 충격이 지속되면 심각한 뇌 손상을 가져올 수 있다. 또 스쿠버 다이빙도 뇌 손상의 위험이 높다.

뇌, 춤추는 미로

남녀의 뇌 다를까, 같을까?

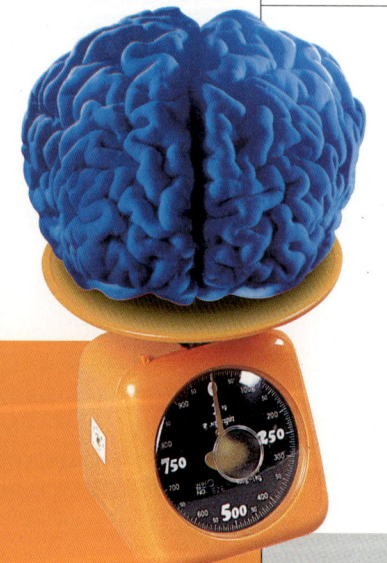

○ 남성 뇌의 평균 무게는 여성에 비해 무겁다는 점이 알려졌다. 그러나 뇌가 무겁다는 것이 지능이 뛰어나다는 의미는 아니다.

Brain

동물들의 뇌는 각 종마다 큰 차이가 있다. 그렇다면 같은 종의 암수는 어떤 차이가 있을까? 인간의 경우 남성과 여성의 뇌는 어떤 차이가 있을까? 남성과 여성의 차이는 뇌에서 시작된 것일까? 물리적인 특성부터 진화론적 원리에 이르기까지 남성과 여성의 뇌에 대한 궁금증을 하나씩 풀어보자.

남성과 여성 뇌의 차이

남성과 여성의 뇌는 약간 다르다. 우선 무게가 다르다. 연구에 따르면 성인 남성 뇌의 평균 무게는 1천4백50g으로 여성 1천2백

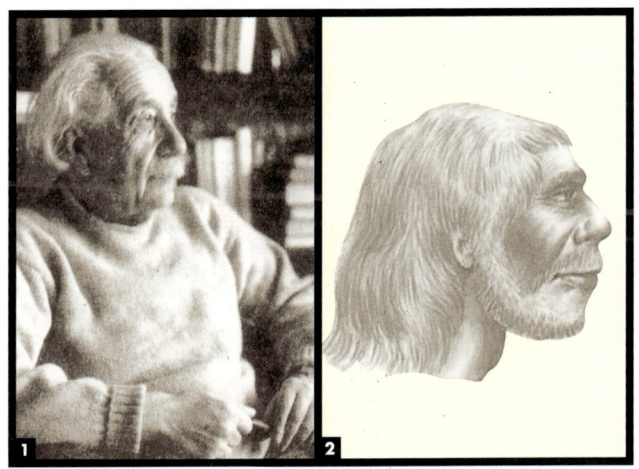

◐ 아인슈타인①의 뇌는 네안데르탈 사람②의 뇌보다 작다. 그러나 아인슈타인이 네안데르탈 사람보다 머리가 나쁘다고 말할 사람은 아무도 없다.

50g 정도에 비해 조금 무겁다. 한때 이 사실은 남성이 여성에 비해 두뇌가 우월하다는 주장을 뒷받침하는 데 사용됐으나, 뇌가 클수록 뇌의 기능이 우수한 것인지 아닌지가 정확히 알려지지 않았기 때문에 수그러들었다. 아인슈타인의 뇌가 인류의 조상 네안데르탈 사람의 뇌보다 작다는 사실을 생각해보면, 뇌의 크기와 두뇌의 우수성은 직접적인 관련이 없다고 하는 편이 옳을 것이다.

일반적으로 남성은 논리적, 행동적이고 공격적이다. 여성은 감성적, 사고적이며 모성본능이 강하다. 남성은 과격한 스포츠를 좋아하고 여성은 스포츠를 하기보다는 보는 것을 좋아한다. 이런 행동양식의 차이가 선천적인 것인지 아니면 후천적인 것인지에 대한 논의는 오래 전부터 이뤄져왔다. 오랫동안 남녀의 뇌는 크기가 약간 다를 뿐 구조적으로는 별다른 차이가 없는 것으로 생각됐다. 그러나 최근에는 그렇지 않다는 사실이 조금씩 밝혀지고 있다.

뇌, 춤추는 미로

뇌량의 위치
뇌량은 좌우 반구로 나뉜 뇌를 연결하는 신경구조. 뇌량 앞부분은 전두엽과 측두엽, 뒷부분은 두정엽과 후두엽 부위를 연결한다. 여성이 남성에 비해 뇌량 뒷부분이 커서 관심을 모으고 있다.

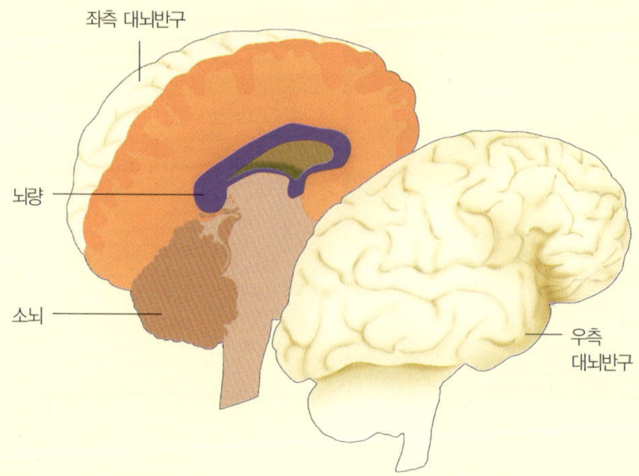

좌측 대뇌반구
뇌량
소뇌
우측 대뇌반구

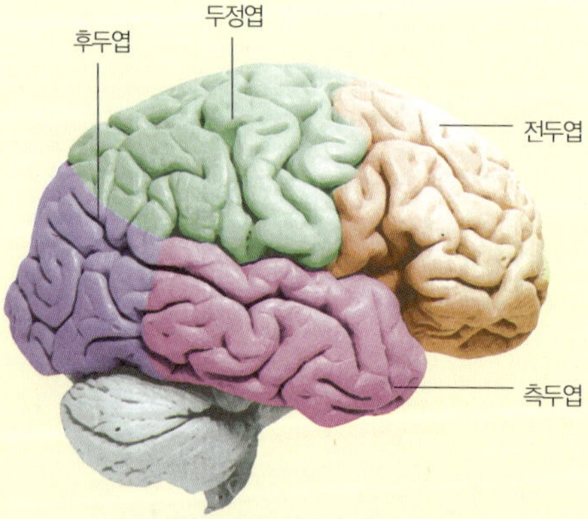

후두엽
두정엽
전두엽
측두엽

뇌량 크기의 차이
    최근의 정밀한 해부학적 검사와 MRI(핵자기공명장치) 영상기법을 동원한 연구결과 남녀의 뇌에서 적어도 한 가지 차이가 있다는 사실이 밝혀졌다. 즉, '뇌량'(corpus callosum)이라고 하는 뇌의 좌우 반구를 연결하는 부위의 후반부 크기가 여성이 남성

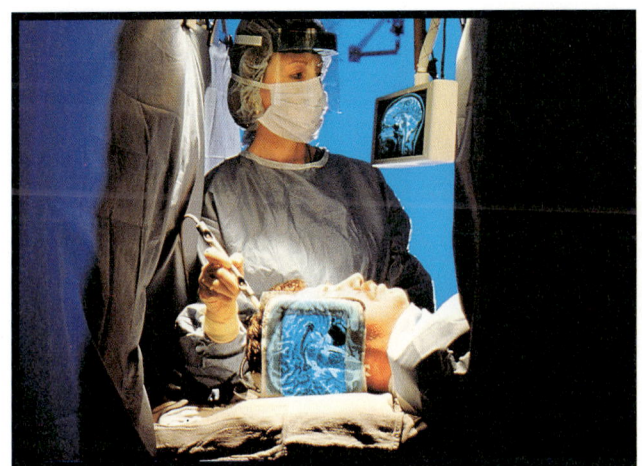

◐ 영상 기법을 이용한 연구에 따르면 여성 '뇌량'의 크기가 남성에 비해 크다.

에 비해 더 크다는 사실이다. 뇌량의 전반부는 뇌의 앞쪽, 후반부는 뇌의 뒷쪽을 연결하고 있다. 따라서 뇌량의 후반이 여성에서 크다면 여성 뇌의 후반부를 연결하는 부분이 남성보다 더 많다고 가정할 수 있다. 그렇다면 이 점은 여성 뇌의 기능이 남성보다 대뇌의 여러 곳에 분산돼있다는 사실과 어떤 연관이 있지 않을까.

몸이 좌우로 구분되는 것처럼 뇌도 좌우 반구로 나뉘어 대칭적인 구조를 이루며, 해부학적 구조뿐 아니라 기능적으로도 대칭이다. 예컨대 팔과 다리를 움직이는 운동신경중추는 뇌의 양 옆에 대칭적으로 위치한다. 하지만 뇌에는 비대칭적인 기능 또한 존재한다. 가장 뚜렷한 것은 언어기능, 즉 말하고, 남의 말을 알아듣고, 글을 쓰는 기능이다. 이 기능을 담당하는 부위인 언어중추는 90% 이상이 좌측 뇌 옆쪽에 모여있다. 그래서인지 엄밀하게 말해 뇌의 겉모습은 완전한 대칭이 아니다. 언어중추가 있는 좌측 측두엽은 반대쪽에 비해 약 7cm³ 정도 더 크다.

○ 원시사회에서 사냥은 남성이, 집안 일은 여성이 주로 담당했다. 이에 따라 시각 자극과 이에 대한 반응 능력이 다르게 진화됐을 것이라는 추측이 제기됐다.

반면 공간인식기능, 즉 신체와 바깥 공간과의 관계를 인식하는 기능은 우측 뇌에 모여있다. 우측 뇌에 뇌졸중 같은 병이 생기면 환자는 흔히 왼쪽 반쪽을 무시한다. 왼쪽을 잘 보지 않으려 하고, 아예 목을 오른쪽으로 돌리고 있기도 한다. '과학동아' 라는 글을 읽어보라고 하면 '동아' 라고만 읽는 식이다.

흥미롭게도 뇌기능의 '비대칭성' 은 여성에 비해 남성에게 더욱 심하게 나타나는 경향을 보인다. 언어중추가 있는 왼쪽 뇌에 질병이 생기면 실어증이 생겨 말을 못 하거나 남의 말을 못 알아 듣는다. 그런데 1970년대 여러 학자들은 왼쪽 뇌가 손상된 환자 중 실어증 증상을 보이는 사람은 여성에 비해 남성이 더 많다는 점을 알아냈다. 증세의 정도도 남성이 더 심했다.

우측 뇌의 경우도 비슷하다. 조각 맞추기와 같은 공간인식능력 테스트를 우측 뇌가 손상된 환자에게 시행한 결과 역시 여성에 비해 남성에서 기능 손실이 심했다. 이 사실들은 언어기능은 좌측에, 공간인식기능은 우측에 모여있는 특성인 뇌의 '비대칭

제4부 남녀의 뇌 | **사람의 뇌** | 33

물체기억 검사
여성은 물체의 동일성 여부를 눈으로 보고 재빨리 판단하기, L로 시작하는 단어들을 빨리 그리고 많이 말하기, 여러 개의 못들을 각기 작은 구멍에 끼우기, 산수문제 계산하기 등의 과제를 남성보다 더 빠르고 정확하게 수행해 내는 경우가 많다.

성' 정도가 남성에게 더 심하게 나타난다는 점을 시사한다. 다시 말해 여성에서는 대뇌의 기능이 남성에 비해 좌우에 골고루 분산돼 존재한다는 것이다.

잃어버린 물건을 어머니가 더 잘 찾는 이유

집안에서 물건을 잃어버렸을 때 어머니와 아버지 중 누가 더 잘 찾을까? 답은 어머니다. 그 이유는 여성들이 물체의 정체나 위치를 남성보다 더 잘 기억하기 때문이다.

남녀 간 인지방식의 차이는 길찾기에서 잘 드러난다. 책상에 펼쳐진 지도를 보고 어떤 목표 지점을 찾아가야 한다면, 다소 예

○ 문제의 종이를 접었을 때 어떤 모양이 되는지를 보기에서 있는 대로 고르는 검사다. 남자가 여자보다 성적이 좋았다. 왼쪽 문제의 답은 ❷번이고, 오른쪽 문제의 답은 전부다.

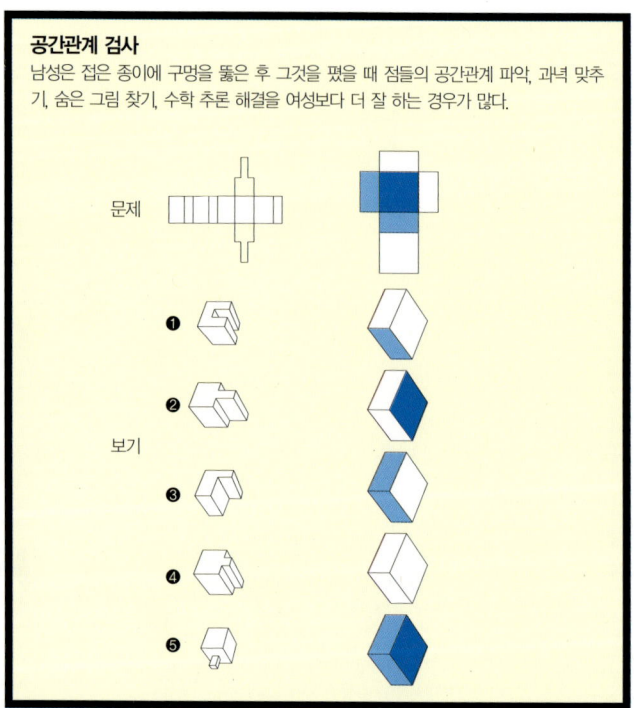

외가 있긴 하지만 남학생들이 여학생들에 비해 몇 번 만에 쉽게, 별로 틀리지 않고 잘 해낸다. 그러나 일단 길찾기를 배운 다음에는 여학생들이 목표 지점에 도달하는 중에 배치돼있는 주요 표지물(큰 건물, 동상 등)을 더 잘 기억한다. 따라서 지도를 보고 길을 찾아갈 때 남성과 여성이 취하는 전략이 각각 다르다고 할 수 있다.

여성은 물체의 정체에 관한 기억과 그 위치에 관한 기억이 남성보다 더 좋으므로 뚜렷한 물체 표지를 중심으로 길을 찾는 반면 남성은 목표 지점에 대한 기하학적 감각이 뛰어나므로 좌표처럼 추상적인 공간 관계를 중심으로 길을 찾는 것이다.

동물도 암수에 따라 비슷한 차이를 보인다. 즉 암컷 쥐는 먹이가 있는 장소를 찾는 학습과제에서 모퉁이의 각이나 방의 모양과 같은 기하적인 단서보다는 벽에 걸린 그림과 같은 표지물을 사용한다. 이에 비해 수컷 쥐는 기하적 단서만을 사용해 학습하고 있음이 드러났다. 이 실험결과들은 남녀 또는 암수의 인지 방식 배후에 상당히 강력한 생물심리적 메커니즘이 있을 가능성을 시사한다.

인지방식의 차이는 왜 생길까?

어릴 때부터 남성과 여성이 각기 다르게 행동하기를 요구하는 사회문화적인 압력 때문일까? 남자아이가 수학 공부를 많이 하기를 요구하고, 여자아이에게는 다른 공부를 더 잘 하기를 요구하는 분위기 때문일까?

공간학습에서 드러나는 암수 쥐의 인지방식 차이는 어떤 결정적 시기에 호르몬 대사를 조절하면 달라진다. 즉 수컷 새끼 쥐를 거세해 남성호르몬이 작용하지 못하게 하거나, 암컷 새끼 쥐에 남성호르몬을 주사하면 공간학습 행동이 완전히 뒤바뀐다. 다시 말해 암컷 쥐는 수컷처럼, 그리고 수컷 쥐는 암컷처럼 행동하게 된다.

사람의 경우에도 비슷한 사례가 존재한다. 유전적 이유 때문에 여성 태아가 남성호르몬에 지나치게 노출되면 성기가 남성화될 수 있다. 이 여아들은 출생 후 다른 여아보다 더 공격적이며, 남자아이들이 하는 놀이 행동을 보인다. 또 정상 여아의 일반적인 경우보다 물체기억 능력은 떨어지는 반면 공간관계 파악능력은 높게 나타난다.

◯ 남녀의 인지방법의 차이에 호르몬 대사가 큰 영향을 미친다는 주장이 제기되고 있다.

또 다른 예로 실어증을 살펴보자. 뇌출혈로 뇌세포의 일부가 손상되면 언어사용에 장애가 나타나는 실어증에 걸린다. 흥미로운 점은 성별로 손상되는 부위가 다르다는 것이다. 즉 여성은 좌반구의 앞쪽, 남성은 좌반구의 뒷쪽 부위가 손상을 받을 경우 실어증이 나타난다. 이런 뇌 구조의 차이는 다양한 손동작을 택해야 할 때 상당한 어려움을 겪는 실행증 환자에게서도 발견된다. 이 결과들은 출생 전후의 호르몬 대사에 따라 남녀 뇌의 구조가 달라지고, 그 결과 남녀간에 다양한 인지능력의 차이가 발생했다는 점을 시사한다.

적자 생존을 위한 능력 개발?

남녀간의 인지방식의 차이가 진정으로 존재하는가? 장담할 수는 없지만 만약 존재한다면 이는 인간의 진화과정과 관련됐을 것으로 추측할 수 있다.

인간의 뇌는 수십만 년의 진화 과정을 거쳐 형성됐다. 애초에 사람들이 수렵과 채취 생활을 하면서 남녀 간에 노동의 분화가 이뤄졌다. 남성은 사냥거리를 찾아 먼 거리를 이동해야 했고, 부족을 보호하기 위해 무기를 만들고 싸웠다. 여성은 부락 주변에서 열매나 채소를 모아 식사를 준비하고, 옷을 만들며 육아를 맡았다.

남성은 먼 거리를 이동하면서 길을 제대로 찾고, 사냥감을 포획하며, 다시 부락으로 돌아와야 하기 때문에 여러 방향에서도 길을 제대로 찾는 공간관계 파악능력이나 과녁을 정확하게 조준하는 능력을 발전시켰을 것이다.

○ 나이가 들수록 남자보다 여자가 뇌 손상이 적다. 이것은 여성호르몬이 뇌의 손상을 방지해주기 때문이다.

반면 여성은 매일 채소나 열매를 모아야 했기 때문에 어느 나무에서 열매가 많이 열리는지, 정확하게 어떤 곳에 가야 좋은 채소를 얻을 수 있는가를 확실하게 기억해 둘 필요가 있었을 것이다. 따라서 추상적인 기하학적 감각보다는 구체적 표지물을 기억하는 능력과 환경의 작은 변화도 잘 감지하는 능력이 더 발달됐을 것이다. 또 무엇보다도 중요한 종족 보존 차원에서 여성은 남성에 비해 더 쓸모 있는 존재기 때문에 혹시 뇌의 한 쪽이 손상되더라도 나머지 뇌에 의해 어느 정도 회복이 돼 정상적으로 아이를 낳고 기를 수 있도록 뇌의 기능이 이곳저곳에 분산됐을 것이다.

즉, 진화론적 원리에 따르면 많은 학자들은 이처럼 각기 다른 행동 양식이 '적자 생존'을 가능하게 했다고 생각한다. 환경에 효과적으로 적응하려고 남성과 여성이 행한 행동들 때문에 뇌의 신경구조가 각기 다른 특성을 띠게 되고, 이러한 절차가 수십만 년을 되풀이되면서 남녀가 독특한 인지방식의 차이를 발전시켰다는 것이다.

태교와 아기의 두뇌발달

아기의 뇌

Brain

최근까지 사람의 지능은 부모가 어떤 유전자를 가졌느냐에 따라 가장 큰 영향을 받는다는 것이 통설이었다. 그러나 임신 기간 중에 태아를 보호하고 있는 자궁의 환경이 사람의 지능지수(IQ)에 큰 영향을 미친다는 결과가 나왔다. 태교가 어떻게 아기의 뇌 발달에 영향을 미친다는 것일까?

엄마의 목소리가 태아의 뇌발달에 영향

태교는 아기가 어머니의 뱃속에서도 바깥 세상에 대한 정보를 얻고 있다는 점을 전제로 한다. 이를 확인하기 위해서는 임신 기간 중의 태아가 어떤 감각을 가지는지부터 확인해야 한다. 사람이 느끼는 감각에는 다섯 종류가 있다. 눈으로 보는 시각, 귀로 듣는 청각, 혀로 느끼는 미각, 코로 맡는 후각, 그리고 피부로 느끼는 촉각이 그것이다. 이들을 통칭해 오감(五感)이고 부른다. 물론 이 감각은 뇌를 통해 얻는다. 과연 임신 기간 동안 어머니의 자궁 속에 있는 태아가 이 다섯 가지 감각을 느끼고 있을까? 답은 '그렇다' 이다. 다만 임신 5~6개월까지는 태아의 뇌세포가 성숙되지 않아서 오감을 느낄 수 없지만 그 이후에는 뇌세포가 충분히 형성돼 태아가 오감을 모두 느끼는 것으로 조사됐다.

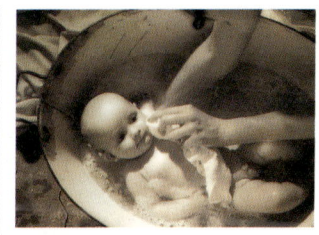

❍ 아기의 성격이나 지능은 어머니의 뱃속에서 이미 대부분 형성됐는지도 모른다.

먼저 시각에 관한 실험을 살펴보자. 태아의 모습을 초음파로 관찰하면서 임신부의 복부에 강한 불빛을 비추면 태아가 꿈틀거리는 모습이 관찰된다. 뱃속의 태아가 외부의 빛에 반응한다는 증거다. 빛의 자극은 태아의 시신경을 통해 뇌로 전달되고, 뇌에서는 이 반응에 대해 깜짝 놀라는 '놀람 반사' 가 발생한다. 마치 잠을 자는 성인의 눈에 전등을 비출 때 눈을 깜박거리거나 뒤척이게 되는 반응과 같다. 그리고 태아는 자신이 느끼는 직접적인 시신경의 자극과 함께 임신부가 느끼는 시각의 자극(정서변화)도 간접적으로 느낀다고 한다.

시각에 비해 청각에 대한 연구결과는 훨씬 다양하고 흥미롭다. 자궁 내에 전달되는 각종 소리 즉, 임신부의 심장박동 소리와 호흡소리, 태아 자신의 심장박동 소리와 호흡 소리, 그리고 태아의 움직임에 따른 미묘한 음향을 모두 녹음한 다음, 여러 명의 임신부로부터 얻은 '소리 데이터' 를 한 아기에게 들려줬다. 놀랍게도 자신의 어머니로부터 녹음한 소리를 들었을 때에만 아기의 심장박동이 빨라졌다. 반응을 보인 것이다. 신생아가 가장

○ 초음파로 태아의 상태를 관찰하는 모습. 임신 5~6개월이 지나면 태아는 오감을 모두 느끼는 것으로 알려졌다.

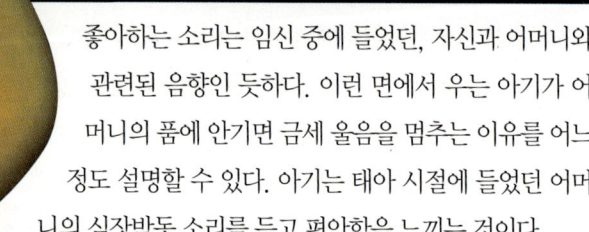

좋아하는 소리는 임신 중에 들었던, 자신과 어머니와 관련된 음향인 듯하다. 이런 면에서 우는 아기가 어머니의 품에 안기면 금세 울음을 멈추는 이유를 어느 정도 설명할 수 있다. 아기는 태아 시절에 들었던 어머니의 심장박동 소리를 듣고 편안함을 느끼는 것이다.

한편 어머니의 목소리가 태아의 뇌 기능에 많은 영향을 미친다는 것이 밝혀졌다. 1994년 미국 콜롬비아 대학의 연구진은 어머니의 목소리를 태아에게 계속 들려주자 심장박동수가 '잠들었을 때'의 경우처럼 감소한다는 점을 발견했다.

태아의 뇌는 태아가 잠든 시기에 활발하게 형성된다고 알려져 왔다. 정확한 메커니즘은 밝혀지지 않았지만 어머니의 목소리는 태아의 뇌가 발달하는 데 중요한 역할을 하는 셈이다. 따라서 어머니의 아름다운 생각과 고운 말, 그리고 임신 기간 중에 태아와 많은 얘기를 나누는 것이 태아의 뇌발달에 크게 도움이 되는 것이다.

피부접촉은 아기의 두뇌발달에 필수적

누군가가 나를 쓰다듬으면 그 물리적 자극은 전기적 신호로 바뀌어 뇌에서 한바탕 불꽃놀이를 일으키고 새로운 신경망을 만든다. 특히 갓 태어난 아이에게는 피부접촉이 정상적인 뇌발달에 필수적인 영양소. 접촉에 굶주린 아이는 잘 먹지 않고 두뇌와 건강에 돌이킬 수 없는 손상을 입는다. 신생아의 접촉 결핍증에 대한 연구는 2차 대전 당시 고아들의 이유 없는 죽음에서부터 시작됐다. 좋은 약과 음식, 깨끗한 환경에도 불구하고 아이들은 죽어갔다. 사망 원인은 피부접촉의 결핍이었다.

접촉결핍이 다른 감각의 결핍보다 뇌에 훨씬 큰 손상을 준다는 사실은 원숭이 실험을 통해서도 밝혀졌다. 접촉 없이 자란 원숭이는 판에 박은 행동을 반복하고, 어울리지 못하고, 주변에 흥미를 못 느끼며, 접촉을 두려워하고 공격성을 나타내며, 비정상적인 성행위를 하고, 어른이 돼서도 아기를 돌보지 못할 뿐 아니라 호르몬의 불균형으로 건강까지 나빠졌다.

만 3세까지 뇌 회로망 급속 형성

왜 아기에게 피부접촉을 비롯한 부모의 사랑이 결핍되면 두뇌발달이 안 되는 것일까? 뇌를 알면 그 답이 보인다. 사람의 뇌는 호흡, 온도 조절 등 생명의 기본 활동을 맡는 '파충류의 뇌', 감정 및 기억과 연관된 '옛 포유류의 뇌(변연계)', 추상적 사고와 판단 등을 주관하는 '새 포유류의 뇌(신피질)' 순으로 진화했으며 실제 발달단계에서도 비슷한 순서를 거친다는 것이 뇌 단층촬영을 통해 밝혀졌다. 즉 수정 6주부터 뇌가 분화하면서 가장 먼저 파충류의 뇌가 완성되고, 태어나서 3년 동안 변연계가 우선

○ 피부접촉의 효과는 언어나 감성적 접촉보다 10배는 강하다. 아기는 부모와의 접촉을 통해 자신감과 성숙한 자아를 가진 사람으로 성장한다.

발달하며 이를 바탕으로 신피질이 발달한다.

 아기의 뇌는 태어나자마자 주변환경과 반응하면서 1천억 개의 신경세포와 최소 1조 개의 연결세포가 조합을 이루고 나서 가지치기를 하면서 뇌 회로망을 만든다. 이 작업은 만 3세까지 급속히 진행되고 10세까지 서서히 계속된다. 그런데 아기의 뇌는 발달단계를 건너뛸 수 없기 때문에 태아 때나 젖먹이 때 파충류의 뇌와 변연계가 제대로 발달해야 나중에 지능형성에도 도움이 된다. 따라서 젖먹이 때엔 부모의 애정 어린 접촉이 뇌 형성의 양분이 되므로 수시로 말을 건네고 보듬어줘야 한다.

 또 가능하면 모유를 먹여 불포화지방산 등 뇌 형성에 필요한 필수 영양소를 듬뿍 섭취하도록 하는 게 좋다. 만 3세 이전에는 부모의 사랑이 아기의 뇌발달에 절대적이다. 하지만 이후 10세까지는 되도록 자유로운 분위기에서 놀게 하는 것이 좋다. 미국의 베일러 의대 연구팀의 조사결과, 어릴 적에 덜 놀면 잘 논 아이에 비해 성장 후 뇌 크기가 20~30% 작은 것으로 나타났다.

Science Adventure

탐구마당
사이언스 어드벤처

어느 경우에 책을 읽기가 어려울까?

이렇게 해보자

1. 다음 그림 (가)처럼 책을 읽을 때 머리를 위아래 그리고 앞뒤로 흔들면서 읽어보자.
2. 그리고 나서 그림 (나)처럼 이제 머리를 가만히 고정하고 책을 위아래로 그리고 앞뒤로 흔들면서 책을 읽어보자.

(가) 머리 흔드는 경우   (나) 책을 흔드는 경우

1) 머리를 흔드는 경우와 책을 흔드는 경우 중에서 어느 쪽이 책을 읽기가 더 어려운가?
2) 책을 읽기 어려운 정도가 차이나는 것은 무엇 때문인지 다음 항목과 관련지어 생각해보자.
   · 자극 · 감각기관 · 신경계 · 반응기

왜 그럴까?

책을 잘 읽으려면 읽고자 하는 부분에 시선이 고정돼야 한다. 그리고 책이 흔들리거나 머리를 움직일 때 시선을 책에 고정하기 위해서는 움직임을 파악하고 그에 따라 안구 운동을 조절해야 한다.

우리 몸에는 몸의 기울어짐이나 회전을 느끼는 평형감각기가 있다. (가)의 경우처럼 머리를 흔들면 평형감각기에 의해 머리의 흔들림이나 회전에 대한 정보가 즉시 뇌로 전달된다. 뇌는 머리가 움직이는 정도에 따라 안구 운동을 적절하게 조절함으로서 눈동자가 항상 책의 일정부분을 향하게 할 수 있다.

(나)의 경우에는 눈을 통해 책이 흔들리는 모습을 보고 안구 운동을 조절해야 한다. 이 경우에는 안구의 움직임이 책의 움직임을 제대로 좇아가지 못하며, 따라서 책을 제대로 읽기가 어렵다. 시각을 통한 의식적인 조절은 평형기관의 감각에 의한 조절만큼 빠르게 통합돼 일어나지 못하기 때문이다. 이러한 이유로 흔들리는 차에서 책을 읽거나 신문을 보는 것이 힘들게 느껴지고, 경우에 따라서는 멀미를 일으킬 수도 있다.

서바이벌 퀴즈

- 뇌에서 기억활동이 이뤄지는 부위는 어디일까?
- 잠을 자고 있는 동안 뇌는 활동을 할까?
- 동물들도 꿈을 꿀까?
- 하루 리듬을 지배하는 생체시계는 우리 몸의 어디에 있을까?
- 사랑의 근원은 심장일까, 두뇌일까?

Survival Quiz

2 뇌가 만드는 현상

기억, 잠, 꿈의 신비를 밝히고, 뇌에 존재하는 생체시계에 의해 신체의 하루 리듬이 조절되고 있음을 살펴본다.
또한 사랑을 두뇌의 화학작용으로 풀어본다.

1 기억의 원리
기억은 어떻게 이뤄질까?

2 생체시계
몸 안에 시계가 있다!

3 잠
잠은 꼭 자야 하나?

4 꿈
뇌가 만들어낸 합성 작용

5 사랑
심장인가, 두뇌인가?

뇌, 춤추는 미로

기억의 원리
기억은 어떻게 이뤄질까?

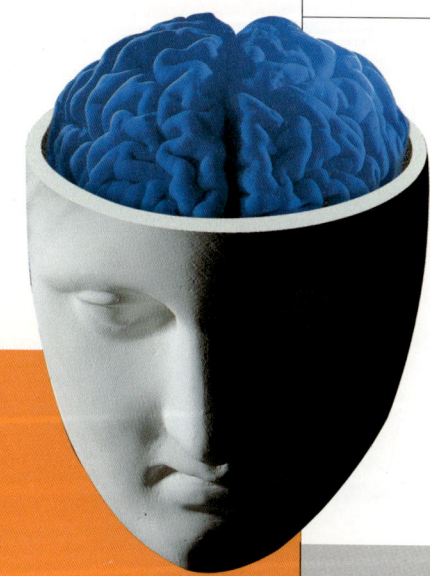

Brain

기억은 인간이 가진 가장 중요한 정신 기능 중의 하나다. 인간은 자신이 경험한 것을 기억해 다음 기회에 이용하고, 반복 경험으로 기술을 익히고 이를 글로 남겨 후대에 전수해왔다. 만일 자신이 경험하고 배운 것을 기억하지 못했다면 인간은 오늘날의 문명을 이룩할 수 있었을까? 오늘날의 인간을 있게 한 기억의 생화학적 메커니즘을 살펴보도록 하자.

기억의 메커니즘
과학자들에 따르면 기억이 있으려면 우선 감각기관의 활동이 있어야 한다. 즉 보고 듣고 접촉하고 냄새맡는 등의 감각이 있은 뒤 각각을 주관하는 뇌에 정보가 들어오고, 이 정보들이 서로 조합돼 하나의 기억이 만들어진다. 본격적인 기억활동은 왼쪽 관자놀이 안쪽에 있는 '해마'가 맡고 있다. 해마는 정보를 단시간 저장하고 있다가 대뇌피질로 보내 장기 저장되도록 하는데, 정보의 이동은 주로 밤에 이뤄지는 것으로 추정된다. 따라서 학습이나 업무 능력을 올리려면 밤에 푹 자야 한다.

최근에 미국 프린스턴 대학의 굴드 박사팀은 원숭이의 해마에서 매일 수천 개의 신경세포가 새로 만들어지고 새 세포들이 대뇌피질로 이동하는 것을 확인했다. 굴드 박사는 "해마에서 새로 만들어진 신경세포는 새 기억을 입력하고 저장하는 역할을 하고 좀더 오래 저장돼야 할 세포들은 대뇌피질로 이동한다"면서 "옛 기억은 어떤 방식으로든 옛 신경세포와 연관된다"고 설명했다.

기억에서 자극으로

● 자극이 순간적으로 뇌에 들어오기까지

시각 및 촉각 : 방안의 빛과 온도가 지각세포를 예민하게 만들고 대뇌피질의 체감각영역을 활성화시킨다.

청각 : 귀가 TV의 노랫소리를 들으면서 얻은 정보는 대뇌피질 두정엽의 청각처리 영역으로 보내진다.

냄새와 맛 : 코의 냄새 수용체가 음료수 냄새를 맡아 화학적 신호로 바꾼 다음 후각처리 영역으로 보낸다.

● 기억으로 남는 과정

순간적 기억 : 1분 이내의 기억. 뇌에 있는 각 감각영역의 정보

○ 기억력이 뛰어난 고양이의 뇌 속에는 RNA가 많다.

가 조합돼 하나의 동화상을 만든다. 이때 뇌는 기억될 필요가 없는 정보를 과감히 버린다.

짧은 기억 : 몇 시간에서 1주까지의 기억. 감각정보가 뇌의 해마로 보내지고 해마는 정보를 재조합한다. 하루가 지나면 덜 중요한 감각정보는 아련해진다.

오랜 기억 : 컴퓨터로 치자면 램의 정보가 하드디스크로 옮겨지는 것에 해당한다. 새 기억을 담고 있는 해마의 신경세포 조합이 대뇌피질로 이동하는 것으로 추정된다.

기억의 실체는 RNA

과학자들은 세포나 분자 수준에서 기억의 메커니즘을 밝히기 위해 많은 실험을 수행해왔다. 현재까지 진행돼온 연구의 초점은 신경세포 내 핵산의 일종인 RNA, 그리고 신경세포 간 연결부위인 시냅스에 맞춰지고 있다. 즉 우리가 기억한 어떤 사실이 RNA 형태로 저장되며, 한 신경세포에서 방출된 신경 전달 물질이 시냅스에서 다른 신경세포에 작용함으로써 기억 과정에 관여한다는 것이다. 기억이 RNA에 저장된다는 생각은 신경세포의 활동이 많을수록 세포 안에 RNA양이 증가된다는 사실로부터 추론된 것이다.

쥐를 이용한 1963년의 실험은 기억의 실체가 RNA라는 것을 잘 보여준다. 이 실험에서는 쥐를 미로에 집어넣고 스스로 출구를 찾도록 훈련시킨 후, 그 쥐의 뇌로부터 RNA를 추출해서 보통 쥐에게 주입시켰다. 그러자 보통 쥐도 훈련받은 쥐처럼 출구를 잘 찾아냈다. 이에 비해 훈련받지 않은 쥐로부터 추출한 RNA를 주입한 경우 이런 효과를 볼 수 없었다. 한 동물에서 다른 동물로 RNA를 통해 기억의 '흔적'이 전달된 것이다.

RNA에 기억의 실체가 담겨있다는 주장은 RNA를 분해하는 효소를 체내에 투입하는 다음과 같은 실험을 통해 더욱 힘을 얻었다. 고양이에게 전선을 연결하고 계속 걷게 한다. 고양이 눈앞에 빨간 불이 들어올 때 고양이가 계속 걸어가면 전기 충격을 준다. 반대로 파란 불이 들어올 때는 전기 충격을 주지 않는다. 몇 차례 실험이 진행되면 고양이는 빨간 불이 들어올 때 걸음을 멈춰야 한다는 점을 알게 된다.

과학자들은 이 고양이 뇌의 시각 담당 부위에 RNA 분해효소를 주입시켰다. 그러자 고양이는 이전에 학습한 내용을 잊은 것처럼 행동했다. 분해효소가 기억이 활성화되지 못하게 만드는 '화학적 지우개' 역할을 한 것이다.

이 분해효소가 몸속에 많이 존재할수록 그만큼 기억력은 나빠질 것이다. 사람도 예외가 아니다. 그런데 나이가 많이 든 사람은 젊은 사람보다 혈액에 RNA 분해효소가 더 많다. 노인들이 자

○ 뇌의 수많은 신경세포 내의 RNA와 각종 신경 전달 물질이 기억 기능을 통제한다. 사진은 태아의 뇌

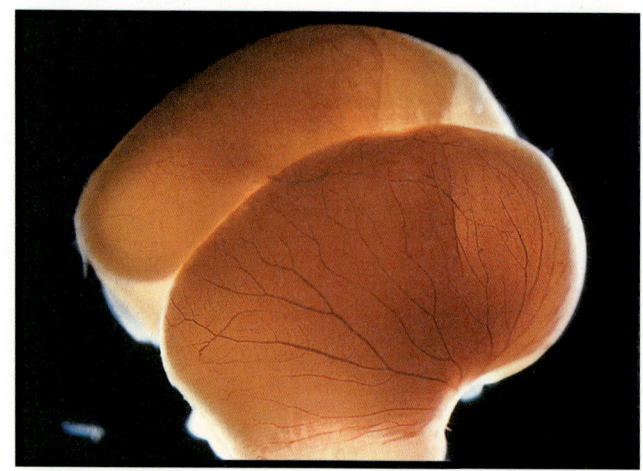

꾸 뭔가를 잊어버리는 이유 중 한 가지가 밝혀진 것이다.

과학자들은 기억 기능을 담당하는 또 다른 실체로 시냅스를 지목했다. 시냅스는 신경 신호를 전달하기 위해 신경세포가 서로 접촉하는 부위로 이곳에서 여러 생화학적 반응이 일어난다.

뇌의 신경 전달 물질 중 가장 잘 알려진 아세틸콜린은 사람의 기억을 비롯한 지적 기능에 중요하게 관여한다. 알츠하이머병을 비롯한 여러 치매 증상을 보이는 환자의 경우 대뇌 피질에서 아세틸콜린을 분비하는 신경세포가 대량으로 손상돼있었다.

최근에는 알츠하이머병 환자의 경우 소마토스태틴(somatostatin)이나 가바(GABA), 그리고 글루타민산 등의 신경 전달 물질이 정상인에 비해 감소된다는 것이 보고됐다. 이외에도 콜린성 신경계(아세틸콜린을 만드는 신경세포)와 상호 작용을 하는 신경세포들에서 노르아드레날린이나 도파민, 그리고 세로토닌 등의 신경 전달 물질이 분비되는 것을 볼 때 이 물질들도 기억에 어떤 식으로든 관여하고 있다고 추측된다.

실제로 동물에게 학습을 시킨 후 세로토닌을 해마 부위에 주입하면 학습한 내용이 저장되는 것이 억제됐고, 세로토닌 억제제를 학습 후 24시간이 지나서 주입하면 기억이 촉진됐다. 즉 세로토닌의 농도가 높을수록 기억은 감퇴되는 것이다.

한편 호르몬도 간접이나마 기억에 관여하는 물질로 떠올랐다. 체내에서 분비된 호르몬은 신경세포에 작용해 특정 신경 전달 물질이 방출되도록 작용하기 때문이다. 한 예로 정상인에게 부신피질자극호르몬을 주입하면 특정한 기억력 테스트에서 좋은 결과를 낳았다. 뇌하수체 후엽에서 분비되는 두 가지 호르몬인 바소프레신과 옥시토신도 기억에 관여한다. 바소프레신을 쥐에게 주입하면 기억이 상실되는 정도가 약해졌고, 옥시토신을 주입하면 기억력이 증가됐다는 실험결과도 보고됐다.

스트레스 받으면 기억력 손상

미국 캘리포니아 대학 연구진은 쥐를 물이 채워진 미로에서 헤엄쳐 빠져나오는 훈련을 시킨 후, 물에 전기충격을 주는 실험을 했다. 그 결과, 쥐는 실험 2분 전이나 4시간 전에 전기충격을 줬을 때는 별 어려움 없이 빠져나왔지만 30분 전에 충격을 주면 미로를 빠져나오는 데 큰 어려움을 겪는 것으로 나타났다.

흥미로운 것은 스트레스를 받은 지 30분 후 최고로 많이 분비되는 '글루코코르티코이드'라는 호르몬을 정상 쥐에 주입할 경우 스트레스를 받은 쥐와 유사하게 길을 헤매는 현상이 관찰됐다는 것이다. 이로써 스트레스가 기억을 되살리는 데 나쁜 영향을 미친다는 점이 밝혀졌다.

한편, 술이나 혈압을 떨어뜨리는 약, 우울증 치료제 등의 약물

뇌, 춤추는 미로

◉ 시험 스트레스가 기억한 내용을 까먹게 하는 것인지도 모른다.

◉ 사람이 나이를 먹으면서 기억력이 약화되는 것은 누적된 스트레스 때문일지도 모른다. 가벼운 운동은 스트레스를 해소하고 몸의 혈액 순환을 좋게 해 뇌에 혈액 공급이 원활하게 이뤄지므로, 기억력 감퇴를 줄일 수 있다.

도 기억력을 떨어뜨리며, 비타민을 비롯한 영양 부족도 기억력 감퇴를 부추긴다. 그리고 TV를 볼 때엔 뇌가 활동하지 않는 '중립상태'에 들어가기 때문에 뇌가 퇴화하기 좋은 환경이 된다.

기억력을 높이려면?

기억 감퇴는 뇌에서 기억을 형성하는 역할을 하는 해마의 손상과는 무관하다. 기억력이 떨어지는 것은 대뇌피질의 신경세포 기능이 떨어지거나 세포 간 연결력이 약해지기 때문이다. 따라서 기억력을 높이려면 뇌가 계속해서 활동할 수 있도록 자극을 주는 것이 좋다. 노년에도 책이나 신문을 읽거나 바둑 등의 취미 생활을 하면 뇌가 활동하게 되므로 기억력 감퇴를 줄일 수 있다. 단단한 것을 씹어먹는 것이 뇌에서 기억을 주관하는 해마가 활성화하는 데 도움이 된다는 연구결과도 있다.

또 뇌간의 한가운데엔 정신을 맑게 깨어있게 유지하고 집중할 수 있도록 하는 신경세포의 그물인 '망상활성화계'가 있는데, 이

◯ 아침 식사가 밤새 공부한 내용을 기억하는 데 실제로 도움을 주므로 아침 식사를 거르지 않는 것이 좋다.

는 감정이 스며있을 때 제대로 움직인다. 따라서 무언가를 억지로 암기하면 잘 기억나지 않지만, 즐거운 마음으로 외면 기억이 오래간다.

그리고 포도당이 기억력을 증가시킨다는 연구결과도 있다. 일본 규슈대학의 연구팀은 생쥐에게 포도당을 투여하고 학습에 어떤 영향을 미치는지 조사했다. 우선 공간기억 테스트에서 불투명한 물 속에 숨겨져있는 목표 지점을 보면 헤엄을 중단하도록 학습시켰다. 또 다른 테스트에서는 생쥐들이 평소 좋아하는 어두운 지역을 피하도록 훈련시켰다. 그 결과 학습하기 전에 혈당 수치를 높이면 학습 효과가 향상된다는 점이 확인됐다. 흥미로운 점은 포도당을 투여하는 시간에 따라 효과가 다르게 나타난다는 것이다. 가장 큰 효과를 보인 투여시간은 학습하기 2시간 전이었으며, 1, 3, 5시간 전에는 효과가 떨어졌다.

연구팀은 기억력을 향상시키는 물질로 식후에 뇌척수 용액(뇌와 척추를 둘러싸고 있는 액체)에서 분비량이 증가하는 화학물

○ 조작된 광고를 본 사람들은 자신들의 기억까지 바꿔버릴 수 있다.

질(aFGF)을 지목했다. 이 물질의 주요 기능은 뇌의 시상하부에 존재하는 포만 중추에 신호를 보내 "배가 부르니까 더 이상 먹지 말라"는 명령을 내리는 일이다. 그러나 이 물질은 감정이나 학습(특히 공간 학습)을 담당하는 뇌의 해마 부위에도 집결돼있다. 연구팀이 포도당을 투여하기 전 이 화학물질의 기능을 억제하는 약물을 생쥐에게 투여했을 때는 생쥐의 기억력이 향상되지 않았다. 따라서 식사 후 혈당이 높아지면 뇌에서 기억력을 증가시키는 화학물질이 분비돼 해마 부위에 영향을 미친다는 추론이 가능하다.

기억? 믿지마…. 조작될 수 있어!

최면을 통해 전생을 들여다볼 수 있을까? 최근 많은 곳에서 이른바 '전생 퇴행'이 유행처럼 실시되고 있지만, "전생 체험은 최면술사의 암시가 이끌어낸 '환각'일 뿐이며 당사자의 정신건강에 도움이 되지 않는다"는 게 전문가들의 입장이다.

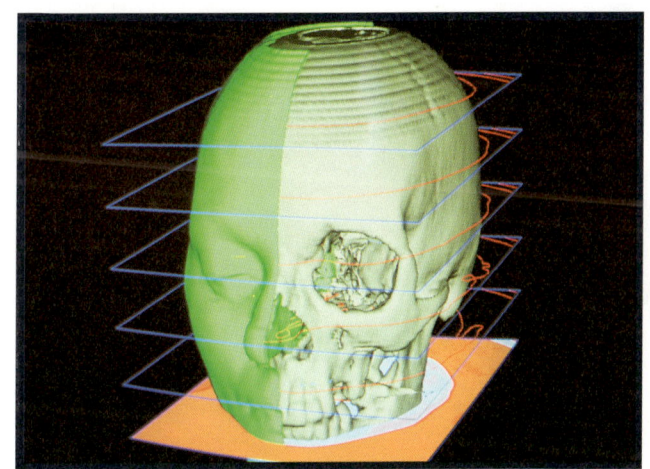

○ 전생 퇴행은 일반적인 연령 퇴행을 연장해 좀더 먼 과거로 의식 여행을 떠나는 현상이다. 그러나 전문가들은 전생 체험은 일종의 환각이며 체험자의 정신건강에 도움이 되지 않는다고 말하고 있다.

최면은 긴장을 풀어주고 몸과 마음을 편안하게 해주므로 중요한 정신 치료 요법의 하나지만, 전생은 그만두고라도 최면을 통해 이끌어낸 어릴 적 기억조차도 많은 부분이 허구라는 지적도 있다. 하지만 최면에서 만들어진 기억들은 너무나 생생하기 때문에 당사자는 그것을 기억이라고 철썩같이 믿는 경우가 많을 뿐이다.

그러나 최면상태가 아니더라도 사람들은 자신의 과거를 다르게 기억하도록 유도될 수 있으며, 심지어는 전혀 일어나지 않은 사건조차 '생생히' 기억해낼 수 있다는 연구결과도 있다. 때때로 범죄 혐의자는 목격자의 잘못된 증언을 바탕으로 자신이 저지르지도 않은 범행을 기억해내서 자백하기도 한다.

도대체 어떻게 이런 일들이 가능할까? 연구자들은 먼저 기억을 강요하는 주위의 압력이 기억을 만들어내게 한다고 설명한다. 특히 기억을 해내려고 애를 쓸 때나 사건의 진실성을 깊이 생각하지 않을 때 쉽게 거짓 기억이 만들어진다는 것이다.

생체시계 — 몸 안에 시계가 있다!

Brain

지구는 매일 자전하고, 달은 지구를 중심으로 매달 공전한다. 또 지구는 태양을 중심으로 1년에 1회 공전한다. 그 결과 지구에는 낮과 밤, 사계절, 그리고 밀물과 썰물이 규칙적으로 반복되고 있다. 우주의 삼라만상은 일정한 리듬을 가지고 규칙적으로 움직이고 있다. 그렇다면 자연의 일부인 인간에게도 독특한 '생체 리듬'이 존재하지 않을까?

하루 리듬을 지배하는 생체시계

사람은 지구의 자전주기에 맞춰 햇빛이 많은 낮에는 활발히

○ 아침에 심장발작으로 응급실에 실려오는 사례가 많다. 하루 중 아침에 에피네프린이 많이 분비돼 혈압이 급상승한 탓이다.

움직이고 밤에는 수면을 취한다. 이 '수면–각성 주기'가 대표적인 일주기리듬이다. 일주기리듬에 가장 중요한 영향을 미치는 요인은 햇빛이다. 그렇다면 사람이 햇빛이 없는 곳에 산다면 어떻게 될까? 즉 외부 환경과 전혀 접촉이 안 되고 시간을 알 수 없는 상태로 며칠간 어두운 동굴 속에 지낸다면 사람은 계속 잠만 잘까? 그렇지 않다.

1994년 독일에서 수행된 실험에서는, 격리된 14명의 자원자들을 밝은 빛에 노출되지 않은 곳에서 며칠 동안 지내게 했다. 관찰결과 자원자들은 평소처럼 약 하루를 주기로 자고 깨어난다는 점이 밝혀졌다. 그래서 과학자들은 인체 내 어딘가에 몸의 주기적인 기능을 조절하는 생체시계(biological clock)가 있다고 생각했다.

하지만 좀더 자세히 관찰한 결과 이들이 정확히 24시간을 주기로 잠을 자지는 않는다는 사실이 밝혀졌다. 14명 중 7명은 24.5시간의 주기를 가진다는 점이 관찰됐던 것이다. 다시 말해

58 뇌, 춤추는 미로

첫날 취침시간이 12시였다면 다음날은 12시30분, 그 다음날은 새벽 1시의 방식으로 30분씩 늦춰지는 현상을 보였다. 더욱 흥미로운 사실은 나머지 7명은 28~33시간의 주기를 보였다는 점이다. 맹인을 대상으로 행한 실험에서도 비슷한 결과가 나왔다. 맹인 20명을 대상으로 한 연구에 따르면 17명이 24.5시간을 주기로 생활한다는 점이 밝혀졌다.

일반인들은 대체로 매일 정해진 시간에 잠들고 깨어나는 생활을 반복한다. 24시간을 주기로 취침시간과 기상시간을 정해놓고 생활하는 게 보통이다. 이 실험결과에 따른다면 이런 24시간 주기의 생활은 생체 리듬 주기로 볼 때 다소 '부자연스러운' 일로 보인다.

○ 밤늦게까지 일을 하게 되면 생체 리듬이 깨져 질병의 원인이 되기도 한다.

생체시계는 어디에 있을까?

그렇다면 생체시계는 몸의 어느 부위에 존재할까? 학자들이 주목한 곳은 뇌였다. 햇빛은 인간의 동공을 통해서 들어와 눈 뒤쪽의 망막에 존재하는 세포를 자극한다. 이 자극은 신경다발을 타고 뇌에 전달된다. 그렇다면 뇌의 특정 부위가 햇빛에 대해 반응하고 있지 않을까?

1940년대 생쥐 뇌의 시상하부를 절단한 실험에서 생쥐의 수면-각성 주기가 엉망이 된 사실을 발견된 것에 힘입어 시상하부 주위에 생체시계가 존재한다는 학설이 제기됐다. 최근에는 뇌의 송과선에서 분비되는 멜라토닌이라는 호르몬이 생체시계를 관장하는 주인공이라는 주장이 받아들여지고 있는 추세다. 송과선은 시상 주변에 존재하는 콩알만한 크기의 뇌조직이다.

햇빛이 어떤 방식으로든 우리 눈을 통과해 들어올 때 멜라토

◐ 제때 잠을 푹 자는 것이 건강을 유지하는 한 가지 비결이다. 잠을 잘 못 자면 성장호르몬이 분비되지 않아 키가 자라지 않는다는 학설도 있다.

닌의 분비가 중단된다. 반대로 햇빛이 없는 어두운 곳에서 잠을 잘 때 멜라토닌이 분비되기 시작한다. 즉 인간의 수면시간과 멜라토닌이 분비되는 시간은 대체로 일치한다. 따라서 멜라토닌은 낮과 밤을 구별하는 호르몬이라고 할 수 있다. 또 계절에 따라 멜라토닌의 분비량이 달라진다. 빛의 양이 적은 겨울에는 분비가 줄고 여름에는 증가한다.

생체시계를 조절하는 유전자

최근에는 하루 주기의 생체시계를 조절하는 유전자들이 밝혀지고 있다. 우선 클락유전자와 사이클유전자가 만든 단백질이 피리어드유전자나 타임리스유전자에 붙어서 자극하면 시계단백질이 만들어진다. 이들 시계단백질은 낮에는 크레아틴키나제와 크립토크롭이라는 단백질에 의해 각각 분해된다. 그러나 밤이 되면 이들이 분해되지 않고 세포질에 쌓이게 된다. 이 단백질 양이 충분해지면 핵 속으로 들어가 클락, 사이클 두 유전자를 억제해서 더 이상 시계단백질을 만들지 못하게 한다.

이 과정에 걸리는 시간이 대략 24시간이다. 그러나 이 유전자들의 변화주기가 '정확히' 24시간이 아니므로 우리 몸 안의 시계를 자연계의 시계에 맞춰 보정할 필요가 있다. 우리 몸은 밤낮의 빛의 세기에 맞춰 이를 보정한다. 그러나 빛을 못 느끼는 맹인의 경우 신체의 리듬이 24 시간을 벗어나게 된다.

생체 리듬에 맞춰 생활해야 장수

최근에 캐나다의 한 연구팀은 쥐의 일종인 햄스터의 뇌에 생체시계를 이식함으로써 수명을 연장시켰다. 일반적으로 햄스터는 노화로 인해 생체시계의 기능이 떨어지면 3개월 이내에 죽는 것으로 알려졌다. 그런데 노화된 햄스터의 뇌에 젊은 햄스터의 생체시계 부위를 이식한 결과 예상보다 평균 4개월 정도 더 살게 된 것이다.

이것은 나이가 들어도 인간의 생체리듬을 제대로 유지한다면 건강하게 장수할 수 있다는 점을 암시한다. 불행하게도 현대인들은 대부분 직접 햇빛에 접할 기회를 점점 박탈당하고 있다. 고작해야 사무실 안에서 실내에 비치는 햇빛을 받을 뿐이고, 집으로 퇴근하는 시간은 캄캄한 밤이기 일쑤다.

제때 일어나 먹고 자는 일상적인 활동이 하찮아 보이겠지만, 이 일을 평생 규칙적으로 실천하는 것이 어쩌면 불로장생의 비결일지도 모른다. 성장 및 노화방지를 담당하는 성장호르몬도 잠자는 동안에 가장 많이 분비되는 것처럼 우리 몸은 오랜 시간 생체시계에 맞춰 진화해왔다. 따라서 생체시계에 맞춰 생활하는 것이 건강과 장수로 향하는 지름길이 된다고 할 수 있다.

뇌, 춤추는 미로

잠 | 잠은 꼭 자야 하나?

Brain

사람은 왜 잠을 잘까? 대답은 간단하다. 졸리기 때문에, 그리고 너무 졸리면 일을 할 수 없기 때문에 사람은 잠을 잔다. 그런데 왜 졸릴까? 많은 학자들은 낮 동안의 활동으로 인해 몸에 피로가 쌓이고 수면을 유도하는 물질이 증가하기 때문이라고 대답하고 있다.

수면 유도체와 생체시계

1970년대의 뇌 연구에 따르면 뇌 내부에서 신경세포 간에 서로 연락을 취하는 데 관여하는 몇 가지 분자들이 수면에 중요한 역할을 한다고 한다. 그리고 최근에는 수면 유도체(sleep inducer)가 신체 면역계에서 만들어진다는 점이 밝혀졌다.

그러나 졸리움만으로 수면의 원인을 모두 설명할 수 없다. 사람의 몸에는 낮과 밤을 알려주는 생체시계가 있다. 밤이 되면 이 시계가 잠을 자도록 유도하고(수면), 아침이 되면 깨도록 신체상황을 조절한다(각성).

생체시계는 빛에 매우 민감하게 반응한다. 아침이 되면 태양빛이 사람의 눈으로 들어가 뇌의 각성중추를 자극하는데, 이때 뇌에서는 송과선에서 멜라토닌이라는 호르몬의 분비가 감소하며 그 결과 잠에서 깨어나 활동을 시작하게 된다. 반대로 밤이 돼 태양빛이 사라지면 수면중추가 자극돼 잠자리에 들게 되고 멜라토닌의 분비가 증가하기 시작한다. 이처럼 수면이 인체에 이미 프로그램돼있는 것이라면 사람은 본능적으로 잠을 피할 수는 없다.

초저녁에 잠들고 꼭두새벽에 깨는 사람들의 유전자를 정밀 분석한 결과 2번 염색체 상의 hPer2 유전자가 일반인과 다르다는 사실을 발견했다. 이 유전자는 사람의 24시간 주기에 관여하는 것으로 밝혀졌다.

뇌에서는 어떤 일이 벌어질까

연구 초기에는 수면이 피곤할 때나 뇌가 정상적인 작용을 하지 못할 때 일어나는 과정이라 여겼으므로 잠잘 때 뇌는 평소보다 활동이 줄어든다는 생각이 지배적이었다. 그러나 최근의 연구에 의하면 뇌는 오히려 잠잘 때 활발하게 활동한다는 것이 밝혀졌다.

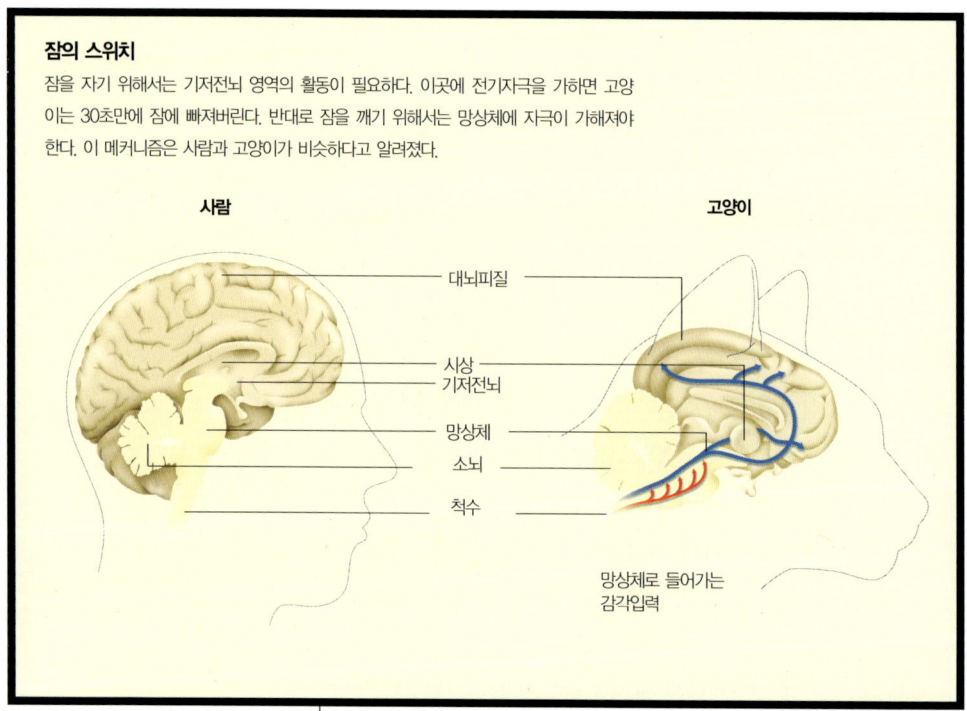

잠의 스위치
잠을 자기 위해서는 기저전뇌 영역의 활동이 필요하다. 이곳에 전기자극을 가하면 고양이는 30초만에 잠에 빠져버린다. 반대로 잠을 깨기 위해서는 망상체에 자극이 가해져야 한다. 이 메커니즘은 사람과 고양이가 비슷하다고 알려졌다.

사람 / 고양이
대뇌피질
시상
기저전뇌
망상체
소뇌
척수
망상체로 들어가는 감각입력

    수면에는 뚜렷하게 구분되는 두 가지 상태가 있다. 잠잘 때 눈의 움직임을 기준으로 급속한 안구운동이 일어나는 수면을 렘수면(REM: Rapid Eye Movement), 그렇지 않은 수면을 비렘수면(NREM: Non-Rapid Eye Movement)이라 부른다.
    일반적으로 잠을 자기 시작하면 비렘수면 상태가 먼저 나타난다. 잠자는 동안 뇌에서는 독특한 뇌파가 형성되는데, 비렘수면은 뇌파의 종류에 따라 4단계로 구분된다. 1단계에서 4단계로 진행될수록 점차 깊은 잠에 빠지게 된다. 특히 제3~4단계에서는 뇌파의 크기가 가장 크고 속도가 가장 느리게 나타나는데, 이때의 잠을 서파수면(slow-wave sleep)이라 부른다.

만일 사람이 계속 서파수면 상태만 유지하다 깨어난다면 매일 아침이 피곤함 없이 활기차게 느껴질 것이다. 하지만 사람은 수면 중에 깊은 잠에만 빠져있는 것이 아니다. 서파수면 상태에 이르렀다 싶으면 잠은 거꾸로 1단계를 향해 변해가다 렘수면 단계에 이르고, 다시 1단계에서 시작해 4단계로 빠져든다. 이 과정은 90분을 주기로 반복된다. 정상인의 경우 밤새 4~5회에 걸쳐 잠의 주기가 변동하는 셈이다. 각 주기에서 뇌파는 잠들기 시작할 때 4단계까지 이르다가 아침이 되면 1~2단계에서 멈추기 때문에, 수면 초기에는 깊은 잠을, 그리고 아침 무렵에는 선잠을 이루게 된다.

그렇다면 렘수면 동안에는 어떤 일이 벌어질까. 이 단계에 이른 사람을 깨워 물어보면 십중 팔구는 꿈을 꿨다고 얘기하기 때문에, 렘수면은 흔히 '꿈꾸는 수면'이라 불린다. 그런데 눈을 급속히 움직이는 이유는 무엇일까? 어떤 학자들은 안구가 꿈에 나타나는 시각적 영상을 좇느라 눈이 빨리 움직이는 것이라고 주장하기도 하지만 명확한 메커니즘은 아직 밝혀지지 않았다. DNA의 구조를 규명해 노벨상을 받은 프란시스 크릭은 렘수면이 뇌를 재정비해 불필요한 정보들을 제거함으로써 다음 날의 인식능력을 향상시킨다고 주장한다. 렘수면의 기능이 무엇인지 정확히 밝혀지지 않지만 렘수면이 서파수면 못지않게 깊은 잠에 빠진 단계라는 점은 확실한 듯하다. 정도의 차이는 있지만, 흔히 렘수면 중인 사람을 깨우기가 그렇게 쉽지 않기 때문이다.

렘수면의 또 한 가지 특징은 뇌의 활동은 활발하면서도 신체의 근육은 거의 마비상태에 가까울 정도로 이완돼있다는 것이다. 그 이유는 잠자면서 눈을 감은 채로 꿈의 내용을 신체가 그

수면과 각성 시기에 관찰되는 뇌파
잠이 들면 4단계로 구분되는 비렘수면이 먼저 발생하고, 90분 간격으로 꿈을 꾸는 렘수면이 되풀이된다. 시간이 지날수록 깊은 수면 (3~4단계)이 점차 줄어든다.

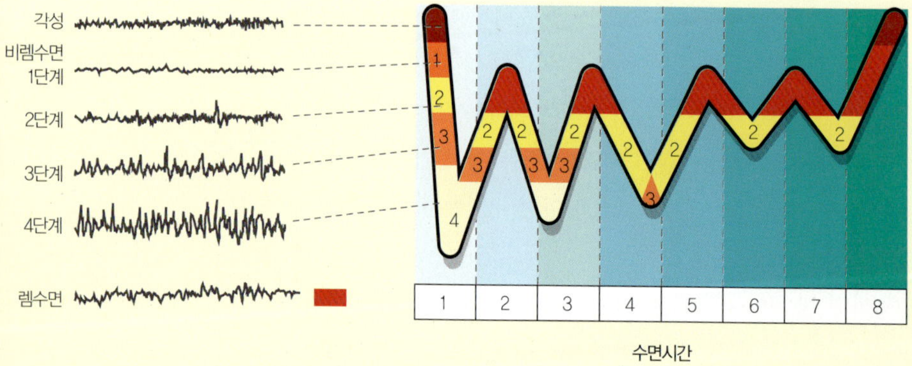

각성
비렘수면
1단계
2단계
3단계
4단계
렘수면

수면시간

대로 실행에 옮기지 않도록 하기 위해서다. 뇌 속에는 렘수면 동안에 신체를 이완시키는 명령을 내리는 신경회로가 있는데, 이 신경회로가 손상된 사람이 럭비공을 가지고 돌진하는 꿈의 내용을 잠자면서 실행에 옮기는 바람에 방안의 유리가 다 깨지고 가구가 뒤집히고 몸에 큰 상처를 입은 일도 있다.

몇 시간 자는 것이 적당한가?

대부분의 사람은 잠에 들면 대략 90분 동안 4단계의 수면상태를 거쳐 꿈을 꾸는 렘수면에 도달한다. 미국 코넬대의대의 제임스 매스박사는 "사람은 수면 주기가 4, 5번 되풀이 돼야 컨디션이 최고"라면서 "사람이 일반적으로 8, 9시간을 자야 하는 것은 이 때문"이라고 말한다. 그러나 사람에게 필요한 수면량은 객관적으로 '몇 시간'이라고 단정할 수 없다. 낮 동안 차분히 앉아서 무엇인가에 집중하려 할 때 졸리움을 느끼지 않고 일할 수 있는 정도가 적정량이다.

또한 잠을 적게 자는 것도 해롭지만 불규칙하게 자는 것이 더 해롭다. 밤에 자든 낮에 자든 규칙적으로 자는 것이 좋다. 너무 많이 자도 수면리듬이 깨어져 피곤해진다. 그리고 잠은 저축이 불가능하므로 휴일에 몰아서 잔다고 피로가 풀리지 않는다. 일요일에도 평소처럼 자는 것이 좋고 그래도 피곤하다면 20~30분 낮잠을 청하는 것이 좋다.

한편 수면량은 나이에 따라 달라진다. 신생아는 하루 종일 거의 수면으로 일관하는데, 뇌파를 분석하면 주로 렘수면 상태만을 유지한다. 이후 2~6개월이 지나면 비렘수면이 등장하기 시작하고 10세쯤 되면 수면의 패턴이 성인과 거의 비슷한 양상을 보인다. 노인의 경우는 어떨까. 흔히 "나이가 들면 잠이 준다"는 말을 한다. 그러나 나이가 들더라도 몸에 필요한 수면시간은 대체로 일정하다. 단지 사람이 60대에 이르면 깊은 잠에 빠지는 비렘수면 상태가 줄어든다는 점은 분명하다. 그래서 잠을 푹 자지 못하고 자주 깨게 돼 낮에 조는 현상이 잦아진다.

왜 이런 현상이 벌어질까. 동물행동학자 데즈먼드 모리스에 따르면, 아이들은 날마다 완전히 새로운 세계를 경험하기 때문에 잠을 오래 자면서 머릿속에서 새로운 정보를 분류

○ 어떤 사람은 4시간만 자면서 낮동안 왕성한 활동을 벌이는가 하면 10시간 이상 자야 직성이 풀리는 사람도 있다. 그러나 수면시간이 6시간 이하인 사람과 9시간 이상인 사람은 각각 전체 인구의 10% 이하에 불과하다.

나이에 따른 잠의 변화

신생아는 하루종일 잠에 빠져있다. 10세가 되면 수면 패턴이 성인과 비슷해져 밤에 한 번 잠들고 오전과 오후에 깨어있게 된다. 이에 비해 노인은 낮에 몇 차례 잠에 빠진다.

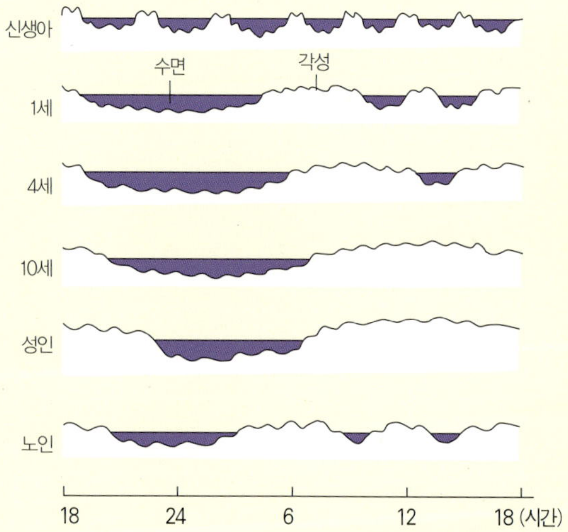

신생아
1세 — 수면 / 각성
4세
10세
성인
노인

18　　24　　6　　12　　18 (시간)

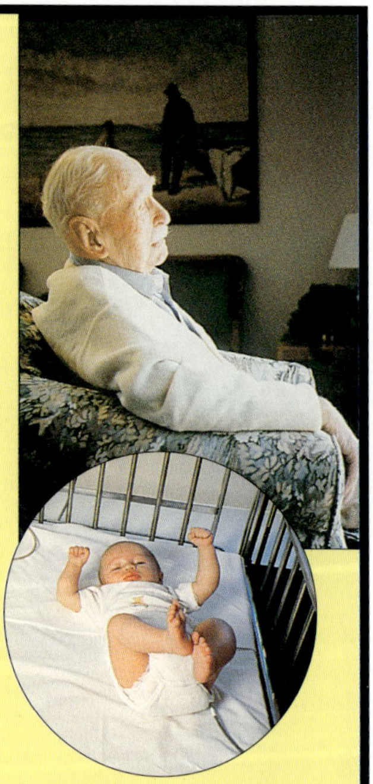

하고 정리해야 하는 반면, 노인의 경우 이미 많은 정보가 입력돼 있으므로 새로운 경험을 정리하는 데 필요한 시간이 줄어들기 때문이라고 한다.

낮잠은 자는 게 좋을까?

낮잠을 자는 것이 좋은 경우와 좋지 않은 경우가 있다. 우선 밤잠이 많이 부족한 사람은 낮잠을 자는 게 좋다. 예를 들어 입시를 앞둔 학생이나 병원의 인턴들은 항상 졸려한다. 이 경우 부족한 수면을 낮에 보충하면 문제가 해결된다.

한편 밤에 잠을 잘 자도 낮에 졸음이 쏟아지는 기면증(수면발

● 영화 '아이다호'의 주인공은 의지와 상관없이 기면증을 앓고 있다. 꿈을 너무 많이 꿔서 온전한 수면에 방해가 된다면 이 같은 질병이 아닌지 의심해볼 필요가 있다.

작) 증세가 있는 경우도 낮잠을 자는 게 좋다. 기면증은 짧은 시간 동안(약 15분) 갑자기 참을 수 없을 정도로 잠이 쏟아지는 증상이다. 또 정신은 멀쩡한데 전신의 힘이 갑자기 빠져버리기도 한다. 그래서 길에 서있거나 운전을 할 때 갑자기 쓰러져 사고를 일으킬 수 있다. 한편 기면증 증상은 심하게 웃거나 화를 낼 때처럼 감정이 고조된 상태에서도 잘 발생한다. 잠들기 전 환각이 일어나는 것도 기면증의 특성이다. 기면증은 뇌질환의 일종인데, 정확한 원인은 아직 밝혀지지 않았다.

잠이 아예 잘 안 오거나 잠자리가 불편해 자주 깨는 증상인 불면증에 시달리는 경우는 어떨까. 불면증에 걸린 사람은 늘 '자신의 잠이 부족하다'고 생각한다. 그래서 틈만 나면 이를 보충하느라 잠을 청하려 한다. 하지만 낮잠을 많이 청하면 밤에 잠이 더 오지 않기 때문에 악순환이 반복된다. 따라서 불면증 증상이 있는 사람은 낮잠을 피하거나 줄이는 게 좋다.

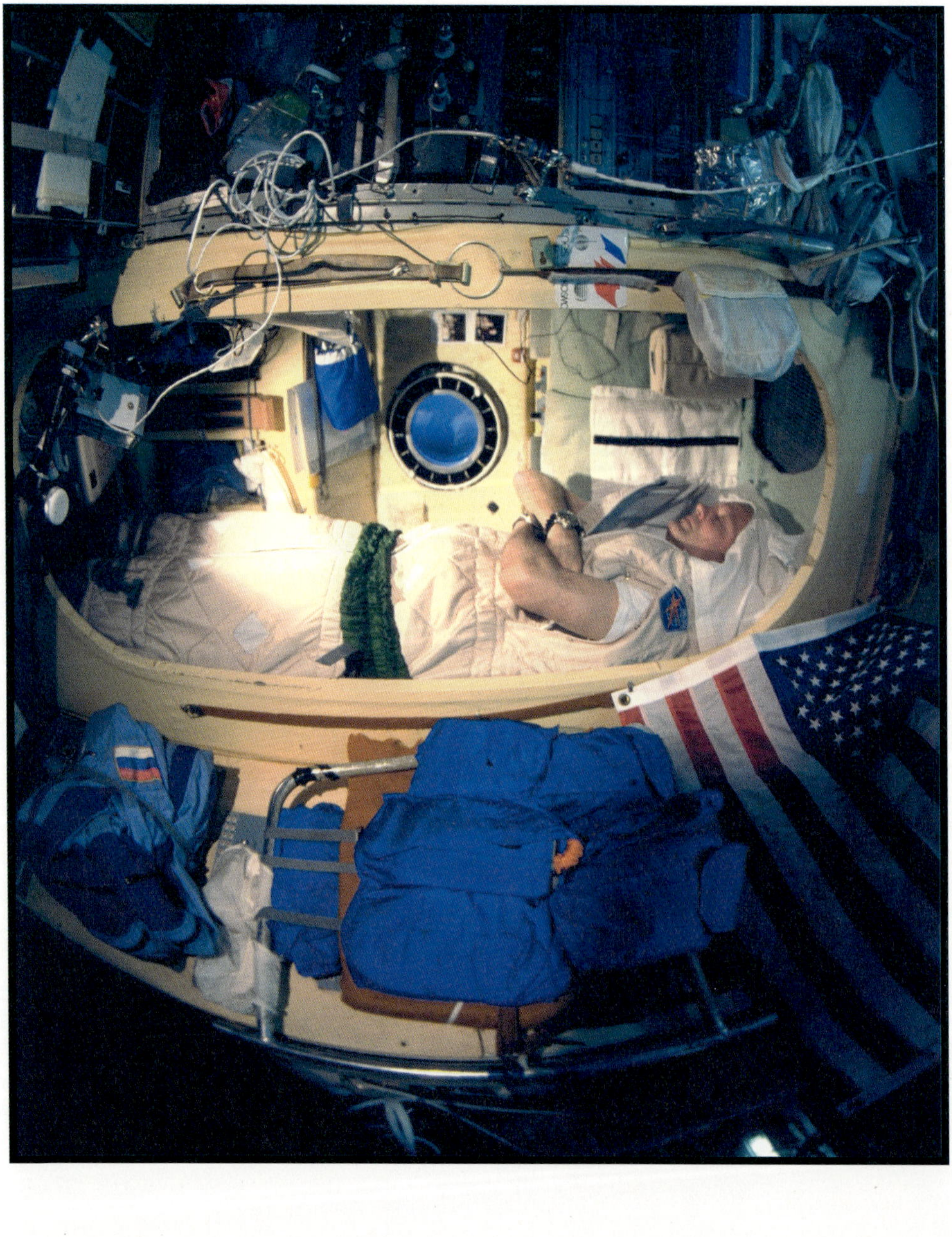

뇌, 춤추는 미로

잠을 덜 자면?

성장호르몬은 깊이 잠들었을 때 주로 분비된다. 따라서 성장기 때 잠을 적게 자면 키가 클 기회가 그만큼 줄게 되고 나이든 사람들은 빨리 늙는다. 수면부족으로 인해 나타날 수 있는 증상들을 요약하면 다음과 같다.

· 19시간 동안 깨어있다면 알코올 농도 0.08%에 해당할 만큼 주의력과 운동기능이 떨어진다.

· 잠을 4시간으로 줄이면 포도당 처리 능력이 떨어져 당뇨병의 전조증세가 나타난다.

· 잠자는 동안에 스트레스 호르몬인 코르티솔이 만들어지는데 잠을 덜 자면 아침에 코르티솔이 적어 멍한 상태가 되고 대신 오후에 코르티솔이 많이 나와 예민해진다.

· 잠을 적게 자면 포만감을 느끼는 렙틴호르몬이 적게 분비돼, 허기를 잘 느끼고 많이 먹게 돼 비만이 될 가능성도 커진다.

· 수면부족이 계속되면 백혈구가 줄고 면역시스템이 깨지며 여성호르몬인 에스트로겐이 비정상적으로 늘어 유방암에 걸릴 위험이 높아진다.

🔵 우주에서의 수면

우주 왕복선의 하루는 90분. 24시간 동안 해뜨는 횟수 16회. 그러나 우주 비행사들이 90분마다 한 번씩 자고 일어날 수는 없다. 우주비행사들은 특별한 경우 2교대를 하기도 하지만 대부분 모두 같은 시간에 잔다. 우주비행사들은 꿈도 무중력으로 꿀 때가 있다고 한다.

수면 중에 나타나는 행동

● **코골이** : 수면 중 기도가 좁아져 억지로 숨을 쉴 때 나는 소리가 코골이다. 코골이는 지구의 생물 중 거의 유일하게 사람에서만 일어나는 현상으로, 등을 바닥에 대고 자기 때문에 일어난다. 반듯하게

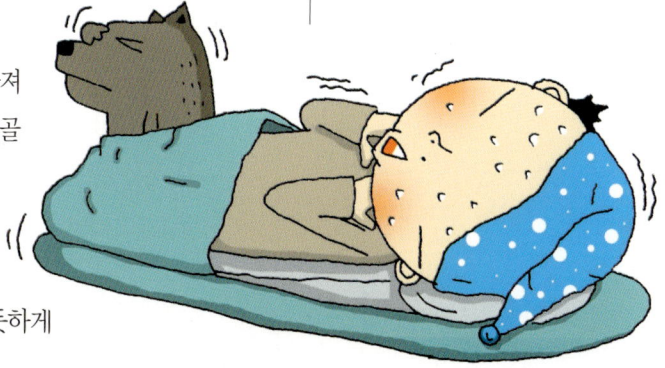

○ 코를 심하게 골면 수면 시간 동안 자주 깨기 때문에 낮에도 졸기 일쑤다.

누우면 입 안의 혀와 입천장, 목젖 등이 뒤로 처지는데, 이때 목젖 주위의 점막이 코에서 폐로 들어가는 강한 공기의 압력을 받아 떨려 소리가 난다. 즉 코고는 소리는 코에서 나는 게 아니다.

● 잠꼬대 : 잠꼬대는 일반적으로 얕은 수면이라 일컫는 1~2단계의 수면에서 흔하지만, 렘수면에서 꿈의 내용과 연관돼 나타나기도 하며, 다른 사람이 말을 걸면 대답을 하는 경우도 있어 신기하게 생각된다. 잠꼬대의 원인은 아직 정확하게 밝혀지지 않았지만, 다른 수면 장애와 연관이 없는 한 건강에 큰 영향을 주지는 않는다.

● 이갈이 : 수면 중에 위아래 이를 딱딱 마주 닫는 것과 턱을 좌우로 움직이는 것을 말하며, 보고된 바에 의하면 성인의 약 20% 정도가 이를 간다고 한다. 분자생물학적으로는 도파민이나 노르아드레날린이라는 신경 전달 물질의 불균형이 이갈이의 원인이 되는 것으로 추정되고 있으며, 이에 대한 약물요법이 효과를 보기도 한다.

● **몽유병** : 자면서 걸어다니는 몽유병은 깊은 수면 단계인 3~4단계 수면에서 생기는데 50%는 집 밖으로 나가기도 한다. 나중에 기억하지 못하고 완전히 깨지 않은 상태에서 행동을 취하기 때문에 자신이나 타인이 다칠 염려가 크다. 어린이에게 많이 발생하고 발달과정 중에 정상적인 각성 메커니즘의 장애가 생겨 일어나는 현상으로 생각된다.

● **야경증** : 자다가 깨어 매우 심하게 놀라거나 우는 경우를 야경증이라고 하는데, 나중에 기억을 못 하고 쉽게 달래지지도 않는다. 몽유병과 마찬가지로 3~4단계 수면에서 발생하며 대개 수 분간 지속한다. 야경증과 몽유병은 마치 잠버릇처럼 매번 지속되는 경향이 있다.

● **렘수면 행동장애** : 꿈을 꾸면서 그것을 실제 행동으로 옮기는 경우를 말하는 것으로, 정상적인 렘수면의 생리적 현상이 교란돼 근육의 긴장도가 억제되지 않고 중추신경계의 렘수면을 발생시키는 부위에 이상이 생길 때 나타난다. 60~70대 남자 노인에게 많이 나타난다.

뇌가 만들어낸 합성 작용

꿈

○ 케쿨레는 벤젠의 고리 구조를 밝혀낸 독일의 화학자로, 난로가에서 풋잠을 자면서 꾼 꿈에서 벤젠의 고리형 구조에 대한 힌트를 얻었다고 한다.

Brain

꿈은 그 날의 특별한 경험을 대뇌에 오랫동안 축적된 일반적인 기억과 대조해 머릿속 서랍에 차곡차곡 정돈하는 과정이다. 즉 꿈은 깨어있을 때의 두뇌활동이 연장된 것이다. 그래서 어떤 문제를 골똘히 생각하다보면 꿈속에서도 그 문제를 다시 떠올리게 된다. 도대체 꿈이란 무엇이며, 왜 꿈을 꾸게 되는 것일까? 동물들도 꿈을 꿀까? 꿈의 신비를 과학적으로 파헤쳐보자.

테트리스 게임으로 밝혀진 꿈의 신비

하버드의대 스틱골드 박사팀은 27명의 정상인과 기억상실증 환자를 상대로 테트리스 게임을 하게 한 뒤 어떤 꿈을 꾸는지 알아보는 실험을 실시한 결과, 두 집단은 모두 블록이 위에서 떨어져내리는 등의 이상한 꿈을 꿨다. 그러나 기억상실증 환자는 자신이 테트리스 게임을 했다는 사실을 다음 날 아침에는 까맣게 잊어버렸다. 기억상실증 환자는 사고로 뇌의 해마상 융기 부위가 손상된 사람들로, 이 부위는 그 날의 특별한 사건을 기억하는 역할을 한다. 반면 오랫동안 축적된 일반적 경험은 대뇌의 신피질 부위에 기억된다.

흥미로운 사실은 이 환자들이 테트리스에 대한 꿈을 꾸는데도 게임 실력은 늘지 않았다는 점이다. 스틱골드 박사는 "기억상실증 환자는 과거에 테트리스를 했던 기억을 되살려 신피질에서 꿈의 이미지를 가져오기는 하지만, 전날 했던 테트리스 게임을 기억하지 못하기 때문에 오래된 기억과 대조할 수 없다"고 테트리스 능력이 향상되지 못하는 이유를 설명했다.

꿈의 메커니즘

잠잘 때 안구가 빨리 움직이는 렘수면 단계에서 꿈을 많이 꾼다는 사실이 발견된 이후 신경생리학자들은 꿈의 생리적 메커니즘을 본격적으로 연구하기 시작했다. 현재 가장 설득력있게 받아들여지는 설명은 '활성-합성 가설'이다.

이 가설에 따르면 꿈을 발생시키는 장소는 대뇌와 척추 중간 부위의 뇌간이다. 이곳에는 두 가지 종류의 세포군, 즉 꿈을 꾸게 만드는 세포인 렘온 세포(REM-on cells)와 꿈을 꾸지 않고 자게 하는 세포인 렘오프 세포(REM-off cell)가 있다. 렘온 세포와 렘오프 세포는 시소게임을 벌이며 사람의 잠을 조절한다. 렘

뇌, 춤추는 미로

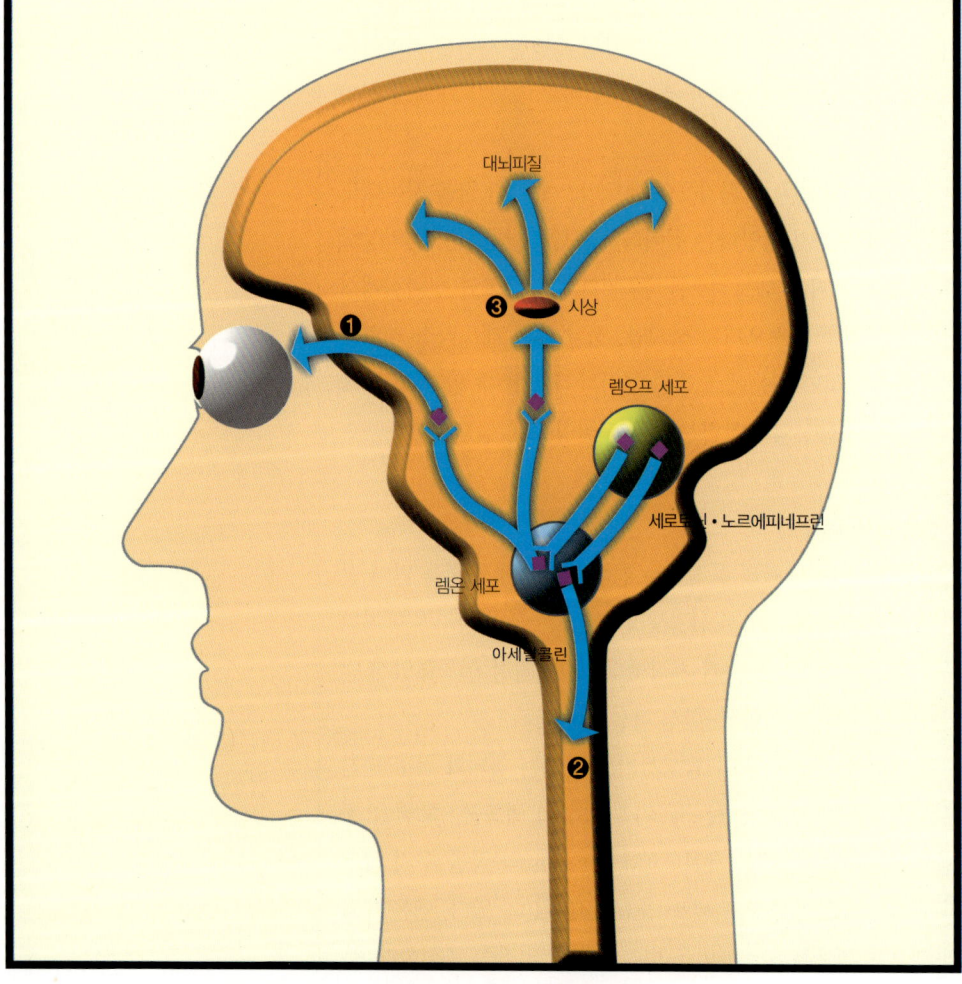

활성-합성 가설 모델

대뇌와 척추 중간 부위에 있는 뇌간에는 꿈을 꾸게 하는 렘온 세포와 그렇지 않은 렘오프 세포가 있다. 렘온 세포가 신경 전달 물질(아세틸콜린)에 의해 자극(활성)되면 세 가지 일이 벌어진다. 안구가 빨리 움직이고❶, 근육이 이완되며❷, 시상을 자극해❸ 대뇌피질에서 꿈이 합성되도록 만드는 것이다. 다른 신경 전달 물질(세로토닌·노르에피네프린)은 렘오프 세포를 자극한다. 이때 렘온 세포는 기능을 멈춘다.

온 세포가 작동하는 동안, 즉 꿈 활동이 '활성'화된 시간에 렘오프 세포는 작동을 멈춘다. 반대 경우도 마찬가지다.

렘온 세포의 작동이 시작되면 세 가지 일이 벌어진다. 우선 눈과 연결된 신경을 자극해 안구의 움직임을 빠르게 만든다. 또 근육과 연결된 신경을 자극해 온몸의 근육을 완전히 이완시킨다. 만일 꿈꿀 때 근육이 이완되지 않는다면, 사람은 꿈의 내용을 좇아 자다가 밤새 뛰어다니거나 옆에서 자는 가족을 본의 아니게 두드려 패는 상황이 벌어질 것이다. 실제로 꿈을 꾸면서 그것을 행동으로 옮기는 사람들이 있는데 이러한 질환을 렘수면 행동장애라 한다.

렘온 세포의 가장 중요한 기능 중 하나는 시상(thalamus)을 자극하는 일이다. 시상은 접수된 신호를 대뇌피질로 확산시키는 구심점이다. 그런데 대뇌피질은 사람의 의사결정, 기억, 언어, 시각, 청각과 같은 고도의 정신 기능을 담당하는 곳이므로 바로 이 순간에 뇌는 다양한 정보를 종합하고 '합성'시켜 꿈을 만드는 것이다.

'활성-합성 가설'은 사람이 꿈꿀 때 경험하는 여러 가지 상황을 잘 설명해준다. 우리는 꿈을 생생하게 '눈으로' 본다. 꿈에서 '귀로' 소리를 듣고 '코'와 '혀'로 음식을 맛보기도 한다. 몇 번 뵌 적이 있는 돌아가신 어른을 만나기도 한다. 이것은 지각과 기억 기능을 담당하는 대뇌피질이 작동한다는 증거가 된다.

또한 '활성-합성 가설'은 꿈이 비논리적이고 황당한 이유도 어느 정도 밝혀준다. 즉, 꿈은 대뇌피질의 각 영역에서 다양하게 합성됨으로써 이뤄지는 복합적인 과정이므로 등장인물, 시간, 장소 모두가 비현실적인 모습으로 얽히면서 꿈이 전개된다는 것

뇌, 춤추는 미로

○ 꿈에서는 현실에서 일어날 수 없는 황당무계한 장면들이 자주 펼쳐진다. 사진은 초현실적인 광경을 많이 그렸던 살바도르 달리의 작품.

이다. 따라서 전문가들은 일상생활에서 꿈에 별다른 의미를 부여하지 말 것을 권한다.

동물도 꿈을 꿀까?

곤충 같은 무척추동물이나 어류는 아예 수면을 취하지 않기 때문에 금붕어나 나비가 꿈을 꾸는지는 물어볼 필요도 없다. 그러면 악어는 꿈을 꿀까? 사람은 대개 렘수면 동안에 꿈을 꾼다. 물론 비렘수면 동안에도 꿈을 꾸는 경우가 있지만 렘수면에 비하면 아주 드물다. 파충류나 조류는 렘수면을 거의 하지 않기 때문에 악어는 아마도 꿈을 꾸지 않는다고 추측할 수 있다. 우리가 기르는 애완용 개나 고양이, 또는 햄스터 같은 동물들은 모두 렘수면을 하는데, 이들은 과연 꿈을 꿀까?

미국 매사추세츠공대(MIT) 연구팀은 잠자고 있는 쥐의 뇌파를 측정해 쥐도 복잡한 꿈을 꾸며, 이 꿈을 통해 하루 동안의 생활을 되새기고 무언가를 학습할 수 있다는 사실을 밝혀냈다.

이들은 실험쥐의 뇌에 소형전극을 이식한 뒤 활동할 때와 잠잘 때의 뇌파를 측정해 서로 비교했다. 연구팀은 쥐의 해마상 융기(Hippocampus)에서 나오는 뇌파를 집중적으로 조사했는데, 해마상 융기 부분은 인간의 경우 체험된 사건의 저장과 연관된 부위로 알려져있다.

먼저 쥐를 미로에 놓고 쥐가 미로찾기에 성공하면 초콜릿가루를 상으로 줬다. 또 렘수면 단계의 쥐 뇌파를 측정했다. 미로 찾기 과정에서 측정된 쥐의 뇌파와 렘수면 단계의 쥐 뇌파를 비교한 결과 두 뇌파 사이에 아주 놀라울 정도의 유사성이 발견됐다. 수면 뇌파를 보고 쥐가 현재 어느 부분의 미로를 가고 있는 꿈을 꾸는지 알 수 있을 만큼 이 두 뇌파 사이의 일치 정도는 높게 나타났다.

연구팀은 이 연구결과를 토대로 쥐의 꿈이 일상의 스트레스 때문에 꾸는 악몽일 수도 있지만 어떤 목적을 가지고 있는 것으로 봤다. 그리고 이것은 수면 중에 꿈을 통해 하루 동안의 사건을 재현하는 것이 학습과정에서 매우 중요하다는 것을 의미한다. 즉. 낮에 배운 다양한 과정들이 수면 중의 꿈을 통해 무의식에 투영된다는 것이다.

뇌, 춤추는 미로

사랑

심장인가, 두뇌인가?

Brain

🔸 남녀 간의 애정이 얼마나 지속되는가를 연구한 결과, 남녀 간에 '가슴 뛰는' 사랑은 기껏해야 18~30개월이 지나면 사라지는 것으로 나타났는데, 남녀가 만난 지 2년이 지나면 대뇌에 항체가 생겨 사랑의 화학물질이 더 이상 생성되지 않고 오히려 사라지기 때문이다.

발달심리학적인 측면에서 보면 사랑은 저절로 생기는 것이 아니다. 유아기에 부모에게서 받은 사랑이 사랑이라는 건축물의 기초를 제공한다. 즉 부모와 가진 신체적 접촉과 정서적인 유대가 사랑의 출발점이라는 말이다. 여기에 아동기와 사춘기에 가족과 다른 사람들과의 인간관계가 골격을 이룬다. 이렇게 보면 이성 간의 사랑은 사랑이라는 건축물의 외벽과 실내를 장식하고 지붕을 단장하는 것과 같다고 할 수 있다. 한마디로 사랑의 완성도를 높이는 작업이다. 그렇다면 사랑의 근원은 우리 신체의 어디에 숨어있을까? 지금부터 사랑을 과학으로 해부해보자.

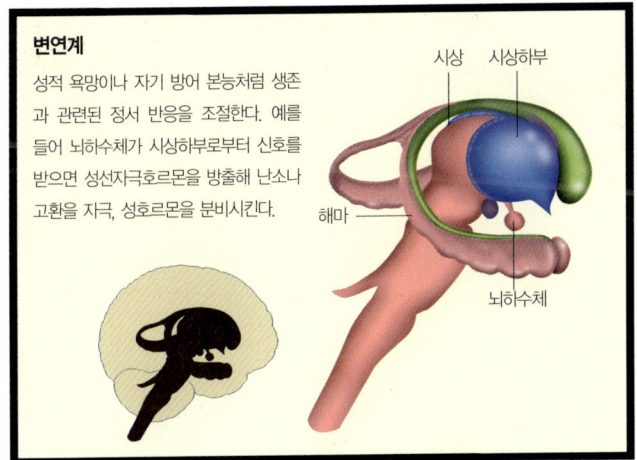

변연계
성적 욕망이나 자기 방어 본능처럼 생존과 관련된 정서 반응을 조절한다. 예를 들어 뇌하수체가 시상하부로부터 신호를 받으면 성선자극호르몬을 방출해 난소나 고환을 자극, 성호르몬을 분비시킨다.

시상 / 시상하부 / 해마 / 뇌하수체

사랑하면 뇌에 불이 켜진다

2000년 11월 8일, 미국 뉴올리언스에서 열린 미 신경과학회에서 영국 런던대의 앤드리어스 바텔스는 이성을 진정으로 사랑하면 뇌에 '불'이 켜진다는 연구결과를 발표했다. 바텔스는 사랑하는 남녀 17명의 뇌를 자기공명영상촬영(MRI) 장치로 촬영한 결과, 뇌의 6~20개 각기 다른 부위에서 혈류량이 증가하는 현상을 관찰했다. 그 중 네 개 부위는 남녀 공통으로 관찰됐는데 이곳은 성욕에 관계하는 영역으로 밝혀졌다. 또 연인의 사진을 보여주었을 때 혈류량이 줄어드는 부위도 세 곳이 관찰됐는데 이곳은 분노에 관계되는 부위였다.

이와 같은 연구를 토대로 과학자들은 생리학적인 사랑의 근원으로 뇌의 변연계를 든다. 이곳은 일종의 정서적 두뇌로서 인위적인 자극에 대해 울거나 웃거나 하는 정서적 반응을 유발한다.

사랑의 근원은 대뇌 변연계

🔴 부모의 반대에 직면할 때 사랑이 더욱 불타오르는 이유가 무엇일까. 스릴 넘치는 위기에 빠지면 페닐에틸아민이라는 천연의 각성제가 많이 분비돼 중추신경을 자극하기 때문이라는 설명이 있다. 사진은 영화 '로미오와 줄리엣'의 장면들.

인간의 뇌는 진화과정에서 차례대로 발달한 세 부위, 즉 파충류형 뇌, 변연계, 신피질의 세 부분이 상호연결돼있다. 파충류형의 뇌는 인간의 생존에 기본적인 호흡이나 섭식과 같은 일상적 행동의 조정에 관여하는 기능을 갖고 있다. 변연계는 파충류형 뇌를 둘러싼 부분으로 시상, 시상하부, 해마, 뇌하수체 등으로 구성되며, 각 부위는 제각기 특정의 정서반응과 관련된다. 신피질은 포유류가 진화돼 영장류가 출현됨에 따라 인간의 뇌에서 마지막으로 발달된 부분이다. 과학자들은 특히 뇌의 변연계에서 분비되는 화학물질이 사랑의 감정을 유지시킨다고 본다.

화학물질 분비의 측면에서 보면 사랑은 대략 3단계로 나뉜다. 첫 번째 단계는 도파민이 분비되는 시기로, 이때는 상대방에게 호감을 느끼게 되며, 페닐에틸아민과 옥시토신이 분비되는 두 번째 단계에 이르면 감정이 급격히 상승되며 상대방을 꼭 안고 싶은 욕구가 생긴다. 그리고 3단계는 사랑의 기쁨으로 충만하게 되는 시기인데, 이때는 엔도르핀이 분비된다.

Cross Words Puzzle

탐구마당
사이언스 십자말 풀이

세로열쇠

1. 수술에 방해가 되는 신체 반응의 제거를 의미.
2. 뇌간의 한 부분으로 쥐의 이 부분을 절단한 실험에서 수면, 각성 주기가 엉망이 된 결과가 얻어졌다.
3. 자면서 걸어다니는 병.
4. 정신 치료요법의 하나로 긴장을 풀어주고 몸과 마음을 편안하게 해줘 수면과 각성(覺醒)의 중간적 특징을 나타내는 상태.
5. 인체 내에 존재하는 몸의 주기적 기능을 조절하는 시계.
6. 신체 면역계에서 만들어지는 수면을 유도하는 물질.
7. 포유류가 진화돼 영장류가 나타나면서 인간의 뇌에서 마지막으로 발달한 부분.

가로열쇠

1. 대뇌 측두엽에 있으며 기억을 담당하는 부분.
2. 보통 65세 이상 노인에서 발병하는 치매의 한 형태로서 유전자 이상으로 인해 잘못된 단백질이 만들어지는 것이 발병 원인.
3. 생존경쟁의 세계에서 외계의 상태나 변화에 적합하거나 잘 적응하는 것만이 살아남는 것을 의미하며, 생물진화에 관한 자연선택설에서 특히 중요한 개념이다.
4. 안구운동이 활발히 일어나는 수면의 형태이며 이 상태에서 꿈을 많이 꾸게 된다.
5. 뇌의 시상하부에서 분비되는 호르몬으로 이 호르몬이 분비되면 사랑하는 사람을 껴안고 싶어진다.
6. 생물체의 주에너지원이 되는 물질이며 뇌 기능과 관련해 기억력을 증가시키는 작용도 한다.
7. 1798년 영국의 험프리 데이비가 이것의 산화물을 들이키면 마약에 취한 듯한 기분이 된다는 사실을 발견함으로써 오늘날의 마취제가 시작되었다.

서바이벌 퀴즈

- 몸과 마음이 조화를 이루고 있을 때 발생되는 뇌파인 알파파가 나오게 하려면?
- 로봇을 학습시킬 수 있을까?
- 알츠하이머 치매의 원인으로 밝혀진 유전자는 무엇일까?
- 우울증의 원인으로 지목되고 있는 물질은 무엇일까?

Survival Quiz

3 뇌를 연구하는 기술

대뇌상태에 따라 다른 뇌파, 인간두뇌와 컴퓨터의 결합인 인공두뇌, 그리고 분자생물학의 발달로 그 실체를 드러내고 있는 뇌와 관련된 유전자와 정신질환의 원인에 대해서 알아본다.

1 뇌파
뇌에서 발생되는 전류

2 뇌파학습기
노력만이 기적을 만든다

3 인공두뇌
터미네이터, 만들 수 있나?

4 정신유전자
생각도 유전될까?

5 정신질환
치매, 우울증 그리고 자폐증

뇌파 | 뇌에서 발생되는 전류

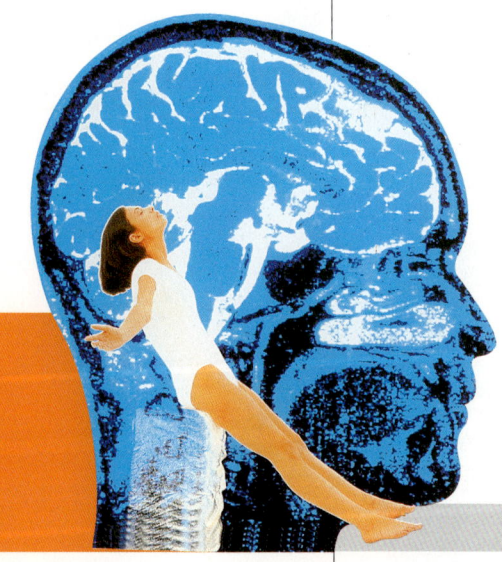

Brain

뇌의 신경세포는 활동 중에 전기적인 변화를 보이는데, 이것을 외부에서 검출해 기록한 것이 뇌파다. 1875년 영국의 생리학자 R. 케이튼이 토끼와 원숭이의 대뇌피질에서 나온 미약한 전기 활동을 검류계로 기록한 것이 최초의 뇌파기록이다. 사람의 뇌파는 1924년 독일의 정신과 의사인 H. 베르거(Hans Berger)가 처음으로 기록했다. 그 이후 뇌파는 현대 정신의학에서 중요한 생체 신호로 연구돼왔다.

뇌파의 종류

뇌파는 그 주파수와 진폭에 따라 분류한다. 뇌파는 보통 0.5~30Hz의 주파수를 가지며, 델타(δ)파(0.5~4Hz), 세타(θ)파(4~7Hz), 알파(α)파(7~14Hz), 베타(β)파(14~30Hz), 감마(γ)파(30Hz 이상)로 나눠진다.

알파파

우리가 눈을 감고 몸을 이완시키면 뇌파의 활동 속도도 완화된다. 이때 우리 뇌는 8~13Hz 사이의 알파파를 폭발적으로 생산하게 되고, 뇌는 알파파 상태가 된다. 의식이 높은 상태에서 몸과 마음이 조화를 이루고 있을 때 발생되는 뇌파가 알파파다. 즉 알파파 상태는 한 마디로 뇌의 이완상태라고 할 수 있다.

알파파는 근육이 이완되고 마음이 편안하면서도 의식이 집중되고 있는 상태에서 나오는 뇌파이므로 알파파를 명상파라고도 부른다. 그러므로 알파파가 나오면 몸과 마음이 매우 안정된 상태임을 뜻한다. 건강하고 스트레스 없는 상태의 사람들은 알파파 활동 상태가 많이 생성되는 경향이 있다.

● 1929년 뇌파를 발견한 독일의 정신과 의사 한스 베르거.

베타파

의식이 깨어있을 때의 뇌파는 베타파다. 일상 생활 중에 대부분 사람의 뇌파는 베타파로 14Hz에서 1백Hz 이상으로 빠르게 움직인다. 우리가 눈을 뜨고, 걷고, 흥분하고, 외부 세계에 초점을 맞추고 있는 상태(대개는 14Hz~40Hz)에서는 베타파가 우리 뇌를 지배한다. 이 상태가 계속해서 지속되면 뇌는 혼돈에 이르고 초조해진다. 물론 학습효율도 저하된다. 따라서 바람직한 상

다양한 뇌파 형태

무엇을 하는지, 무슨 질병을 가지는지에 따라 뇌파 형태는 달라진다. 불규칙적이고 복잡해 보이지만 차원은 10여 개로 유한하다.

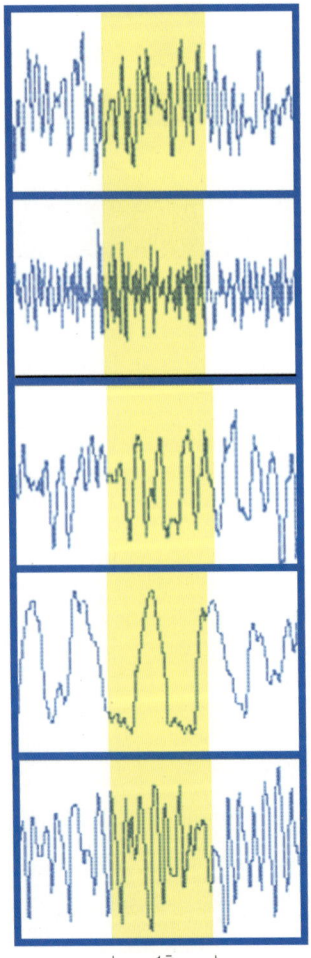

태로 뇌를 유지하고 뇌의 활동을 활발하게 하기 위해서는 저뇌파 상태가 유지되도록 해야 한다.

세타파

사람이 얕은 수면 상태에 있을 때는 알파파보다 더욱 느린 (4Hz~7Hz) 세타파가 발생된다. 세타파는 지각과 꿈의 경계상태로 불리는데, 이 상태에서는 예기치 않은, 꿈과 같은 마음의 이미지가 종종 동반되며, 그 이미지가 생생한 기억으로 이어지는 경험도 하게 된다. 이것은 곧 갑작스런 통찰력 또는 창조적 아이디어로 연결되기도 하고, 때로는 우리가 오랫동안 어려움을 겪었던 문제 해결의 아이디어를 제공하는 창조적인 힘이 되기도 한다.

델타파

깊은 수면 상태에서 발생되는 뇌파다. 델타파는 세타파보다 더 느리게 움직이며 4Hz 이하의 주파수를 가진다. 델타파는 잠들어있을 때나 무의식 상태일 때 발생하는데, 델타파 상태에서는 많은 양의 성장 호르몬이 생성된다.

뇌파는 어떻게 측정하나?

뇌파는 뇌파계(electroencephalograph)라고 하는 장치를 이용해 측정할 수 있다. 이것은 머리에 접착하는 전극과 뇌파계, 그리고 그 양쪽을 여러 가지 방법으로 조합해 연결시키기 위한 전극상자로 돼있다. 뇌파계는 입력부분과 증폭부분, 그리고 기록부분의 세 가지 부분으로 구성돼있다. 입력부분은 두피에 붙이는 여러 개의 전극을 임의로 조합할 수 있는 선택기로 돼있고, 증폭부분은 들어온 미약한 뇌파를 증폭시켜서 다음 기록부분이 작동할 수 있는 충분한 전력으로 강화하는 역할을 한다. 기록부분은 잉크로 기록되는 오실로그래프나 열(熱)펜식 등의 직기(直記)방식과 브라운관 오실로그래프와 같은 사진방식이 있다. 임상용 뇌파계는 잉크기록 방식이며, 수술실 등에서 뇌파를 관찰하기 위해서는 브라운관 방식을 쓰는 일이 많다.

뇌파는 신호일까 잡음일까?

대뇌 상태에 따라 뇌파의 파형이 달라지므로 뇌파는 뇌기능의 일부를 표시한다고 할 수 있다. 그러나 현재로서는 고등한 정신 현상, 예를 들면 사고, 감정, 의지 등을 뇌파의 파형으로부터 판단하기는 어렵다. 다만 뇌 전체의 활동상태, 예를 들어 눈을 뜨고 있는가, 잠자고 있는가 하는 의식수준 정도는 뇌파에 상당히 정확하게 나타난다. 그 밖에 뇌의 기능에 이상이 생기면 그것에 대응하여 이상뇌파가 나타나는 일이 있고, 특히 극파(스파이크)라고 하는 이상파형은 간질의 진단이나 치료에 불가결하다.

뇌 활동에 문제가 있는 뇌질환 환자들의 뇌파는 질병의 종류에 따라 여러 비정상적인 유형으로 만들어진다. 그 중에서도 간질 환자를 검사하거나 수면 장애 환자의 수면 상태를 진단할 때, 뇌파는 매우 유용하게 사용된다. 깊은 잠에 빠졌을 때 뇌파는 얕은 잠을 잘 때의 뇌파보다 서서히 변화하며, 간질 환자의 뇌파는 정상인에 비해 훨씬 주기적이다.

뇌, 춤추는 미로

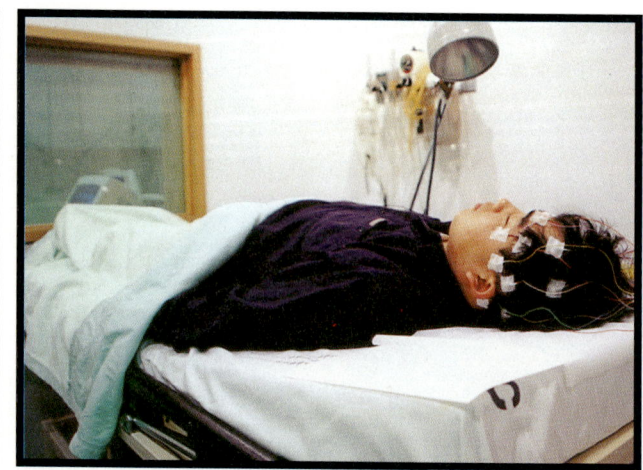

◯ 머리에 붙이는 센서에 의해 측정된 뇌파를 컴퓨터가 그려내고 분석한다.

또 눈을 감았을 때나 편안한 상태에서의 뇌파는 열심히 산수 문제를 풀 때보다 그 값이 크고 상대적으로 규칙적인 파형을 그린다. 알츠하이머 환자의 경우에는 델타파가 증가한다든가, 명상 상태일 때의 알파파가 늘어난다.

그러나 안타깝게도 지난 80년대 중반까지 많은 신경생리학자들이 대뇌 활동과 뇌파 변화와의 상관관계를 찾기 위해 많은 시도를 했으나 대부분 실패했다. 캘리포니아 대학의 월터 프리먼 교수를 비롯해 몇몇 신경물리학자들이 간단한 모델을 제안하기도 했으나 그다지 성공적이지는 못했다. 뇌파를 만드는 데 관여되는 신경세포들의 수가 너무나도 많다는 것이 그 큰 이유다. 최소 수만 개에서 많게는 수백만 개의 신경세포들이 동작해 만들어내는 뇌파의 의미를 이해하기에는 현대과학은 역부족이다. 현대과학의 방법으로 뇌파의 움직임을 기술하려면 신경세포의 개수만큼 많은 변수가 필요하기 때문이다.

이러한 이유 때문에 신경생리학자들은 뇌파를 대뇌의 복잡한 사고 과정에서 부수적으로 발생하는 '소음'이라고 간주해왔다. 그러나 소음이라고 해서 완전히 쓸모없는 소리는 아니다. 자동차에 시동을 걸 때 발생하는 소리도 분명 소음이지만 자동차 전문가들은 이 소리만 들어도 엔진에 이상이 있는지 없는지, 혹은 자동차의 어디에 문제가 있는지를 대충 알 수 있다.

이처럼 의사들도 뇌파 분석을 통해 부족하게나마 뇌에 대한 정보를 얻을 수 있다는 정도로 생각해왔다. 자동차 보닛처럼 머리에 뚜껑을 달아 열어볼 수도 없으니, 뇌파측정을 통해 간접적으로나마 뇌를 분석해볼 수 있다고 기대하는 것이다.

명상과 뇌파

사람이 적당히 긴장하고 있을 때는 베타파가 주로 나와 일을 효과적으로 처리하게 만든다. 그러나 긴장의 도가 지나쳐 스트레스가 심해지면 빠른 베타파가 나타난다. 이때는 감정적 흥분이 심해져 다른 사람과 잘 충돌하거나 기억한 사실을 잘 잊어버린다. 지속적으로 베타파만 발산하는 사람은 스트레스, 암, 위궤양, 면역기능 저하, 고혈압, 당뇨 등 각종 성인병에 걸리기 쉽다. 따라서 이럴 때일수록 인위적으로 알파파 상태를 만들어줘야 질병을 예방하고 건강을 유지할 수 있다.

그렇다면 어떻게 해야 알파파를 나오게 할 수 있을까. 가장 효과적인 방법은 명상을 하거나 조용한 음악을 들으며 쉬는 것이다. 명상은 마음속에 있는 여러 가지 잡념을 없애고 정신을 하나로 통일해 무념무상의 경지에 몰입하게 한다. 교회나 절에서 하는 종교적인 기도도 명상과 비슷한 효과가 있다. 음악도 비발디의 「사계」, 베토벤의 「전원교향곡」 등 자연의 소리와 닮은 물리

◐ 명상이 학습효과를 높인다는 사실이 요즘 과학적으로 증명되고 있다.

적인 파동을 지닌 음악을 듣는 것이 좋다. 그리고 숲속의 바람소리, 시냇물 흐르는 소리와 같은 자연의 소리는 정신을 맑고 쾌적하게 하면서 알파파 상태를 만들어준다.

과학자들은 적어도 하루에 한 시간 정도는 뇌를 알파파 상태로 만들어주도록 권유한다. 그러나 알파파 상태가 너무 오래 지속되면 수면 상태와 비슷하기 때문에 일을 제대로 할 수 없게 된다. 따라서 베타파와 알파파가 지속적으로 반복되게 잘 조절하는 것이 질병을 예방하고 건강하게 오래 사는 비결이라고 전문가들은 조언한다.

구매 충동 일으키는 뇌파

쇼핑을 할 때 구매 충동이나 반대로 거부 반응을 일으키는 뇌파의 작용이 처음으로 발견돼 무의식적 심리가 구매 결정에 영향을 미치는 것으로 드러났다.

하버드 대학의 연구팀은 여성들에게 다양한 쇼핑 환경을 접하게 하며 두뇌의 혈류 및 전장 움직임을 양전자단층촬영법(PET)으로 측정한 결과, 상황에 따라 큰 변화가 일어난다는 사실을 밝혀냈다.

이 실험에서는 세일즈맨이 공격적이고 매장이 불결한 점포 등에서는 전두엽피질 등 투쟁심이나 거부 반응과 관련된 두뇌 부위에 혈류가 집중되는 반면, 종업원이 친절하고 서비스가 좋은 점포에서는 좌측 전두엽피질 등 즐거운 감정과 연관된 두뇌 부위로 혈류가 집중되는 등 뇌파 작용에 뚜렷한 차이가 나타났다.

연구팀은 이와 관련해 소비자들이 어떤 상품이나 브랜드를 선택하는 과정에 대해 "쇼핑을 할 때 사람들이 말하고 생각하는 것과 실제로 그들이 행동하는 것은 매우 다르며 무의식적인 과정이 개입한다"고 설명했다.

이 연구는 소비자들이 의식하지 못하는 사이에 물건을 사도록 유도하는 뇌파 발생을 자극할 수 있는 상품이나 상점, 광고를 개발하려는 목적에서 대기업들의 재정지원으로 실시됐다. 연구팀은 이 연구에 앞서 제너럴 모터스(GM)사로 추정되는 미국 자동차대기업의 의뢰로 매출 확대에 가장 효율적인 매장 디자인을 연구했으며 이대로 디자인을 바꾼 영업소에서는 매출이 30% 증가한 것으로 알려졌다.

뇌, 춤추는 미로

뇌파학습기
노력만이 기적을 만든다

 전교 1백66등에서 1등으로, 학급 11등에서 1등으로. 기적처럼 성적이 향상됐다는 광고는 수백만 중고생과 수험생의 귀와 눈을 번쩍 뜨이게 한다. 그것도 피나는 노력에 의해서가 아니라, 특수하게 제작된 이어폰을 끼고 안경을 쓰고 있기만 하면 된다. 광고만 보면 이 기계는 마치 공상과학에서나 가능한 신비의 공부기계처럼 보인다. 그러나 그 광고를 1백% 다 믿을 수 있을까? 전문가들은 그렇지 않다고 말한다. 우리는 이 기계에 어느 정도까지 의존해도 되는 것인지, 이제부터 이 기계의 원리를 파헤쳐보도록 하자.

마음은 안정되지만 성적과는 무관한 듯

이 기기를 사용해 효과를 봤다고 하는 사람들은 "기기가 산란하고 산만한 마음을 안정시켜 공부하기 좋은 상태로 만들어준다"고 한다. 고등학교 2학년 2학기부터 뇌파학습기를 사용했고, 서울대에 다니고 있는 한 학생은 "마음이 안정되지 않을 때 사용하면 편안해지고 자신감도 생긴다"고 말했다. 좋은 성적을 내고 있는 다른 고등학생도 "눈에 띄게 성적이 오르는 것은 없지만 머리가 개운해요. 그리고 열심히 하려고 하니까 성적이 오르는 것 같아요"라고 말했다.

많은 사람들이 이 기기를 사용하면 쉽게 잠이 들고, 자고 나면 잠을 깊이 잔 것 같아 피곤이 잘 풀린다고 말하고 있다. 그러나 효과를 경험했다는 많은 사람들도 이 기기가 성적을 올려준다는 데는 아직 동의하지 못하고 있다.

앞에서 기기의 효과를 봤다고 말했던 두 학생도, "열심히 하려고 하니까 성적이 오르는 것 아녜요? 저도 '별로'라고 생각하면서 다 믿지는 않아요. 그냥 제 노력에 달려있다고 생각해요." "산만할 때 공부하기 좋은 상태가 되니까 기기가 도움을 주는 것 아녜요? 직접적인 도움은 모르겠지만…"과 같은 반응을 보이고 있다.

이렇듯 뇌파학습기가 성적을 향상시켜주는 기기라고 믿지 않으면서도, 사용하는 학생들 사이에서는 자신이 뇌파학습기를 사용하고 있다는 것이 친구들에게 알려지기를 꺼리고 있다. 경쟁하는 친구들 간에 참고서를 공개하지 않는 것처럼 말이다. 뇌파학습기가 과연 무엇이기에 우리사회에서 이런 일들이 벌어지는 것일까?

빛과 소리로 뇌파조절

뇌파학습기는 외부에서 자극을 주면 특정한 뇌파가 유도되는 현상을 응용한 것이다. 심신의 상태에 따라 다른 뇌파가 나타나는 것을 관찰한 과학자들은, 심신을 조절하면 특정한 뇌파상태를 만들 수 있다는 것을 알아냈다.

요가나 명상을 수행한 사람들은 자신의 뇌파를 특정상태로 조절할 수 있다. 그러나 일반인은 이렇게 하기가 어려우므로 뇌파조절기로 뇌파가 유도되도록 자극해줘 특정 뇌파상태에 이르게 하는 것이다.

뇌파상태를 유도하기 위해서는 일반적으로 광(光)자극과 소리자극이 이용된다. 경우에 따라서 두 가지 자극을 결합해 더욱 빠른 시간에 뇌를 특정한 뇌파상태로 유도한다. 시각이 차단된 안경에 부착된 발광전구를 통해 특정 주파수로 빛을 깜박여주고 귀로는 '윙윙' 하는 소리자극을 준다. 제품에 따라 광자극이나 소리자극 중 한 가지만을 채택한 경우도 있으나 일반적으로 두 자극을 결합한 것이 많다.

학습 전 심신이완, 학습, 수면, 졸음제거 등 프로그램이 모두 자극의 주파수와 강도를 조절하는 간단한 원리에 의해 실행된다. 또 현재 판매되는 10여 종의 뇌파학습기는 프로그램을 다양화하고 보조기능들을 첨가해 저마다 다른 제품과의 차별화에 힘쓰고 있지만, 깜박이는 빛과 소리를 이용해 뇌파를 유도한다는 점에서 모두 같다.

장기적인 효과는 미지수

뇌파학습기 판매사들은 뇌파학습기가 학습능률을 획기적으로 향상시키는 기기라고 말한다. 그러나 아직까지 뇌파조절에 의한 학습효과는 확인하기 어렵다.

외국에서 뇌파조절기로 지진아의 학습성취도를 높인 사례가 있지만 아직까지 일반화되지는 못했다. 우리나라에서는 서울대 교육연구소에서 '뇌파학습기를 통한 학습능률변화'에 대한 연구(1994, 1995)를 했고, 서울대 체육연구소에서 '주의 집중에 대한 뇌파조절기의 효과'(1994)를 점검했다. 이들 연구에서는 뇌파조절을 통해 단기 기억력이 향상됐다고 보고했고 긴장이 이완되는 효과를 확인했다. 그러나 실험기간이 짧아 장기적인 효과를 관찰하지는 못했다.

일부 판매사의 광고에 나오는 '전교 1백66등에서 1등으로' 같은 기적적인 사례는 다소 과장된 것으로 판단된다. 한국소비자보호원, 한국소비자연맹, 소비자문제를 연구하는 시민의 모임 등에는 효과를 믿고 구입했으나 아무 효과가 없다는 항의사례가 한달에 2~3건씩 접수되고 있다. 뇌파학습기가 판매된 초기에는 항의사례가 더욱 많았다고 한다.

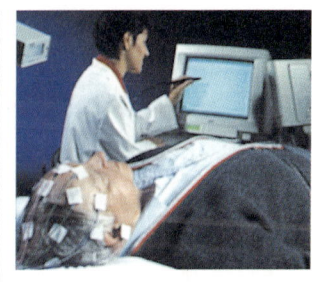

○ 뇌파는 뇌의 각 부분에 흐르는 미약한 전기신호를 민감한 센서를 통해 검출한다.

원래는 심신이완용 기기

뇌파학습기는 본래 서구에서 심신이완용으로 만들어진 뇌파조절기를 응용한 것이다. 따라서 '뇌파학습기'보다는 '심신이완기'나 '뇌파조절기'라고 부르는 것이 옳다.

뇌파조절기를 통해 심신이 이완된 효과는 오래 전부터 보고됐다. 국내 연구에서도 실험에 참여한 사람들의 대다수가 뇌파학

뇌파

뇌신경세포의 활동에 수반되는 전기적인 변화를 외부에서 측정하여 기록한 것이 뇌파다. 1929년 독일의 한스 베르거가 뇌파를 기록한 이래 뇌파연구는 꾸준히 진행돼왔고 1960년대부터 반도체가 개발되면서 새롭게 진전되고 있다.

기본적으로 뇌파는 0.5~30Hz의 주파수를 갖는다. 1960년대 이후 주파수 영역이 인체의 특정상태와 연관돼 있다는 것이 알려지면서 뇌파와 신체상태를 관련짓게 됐다.

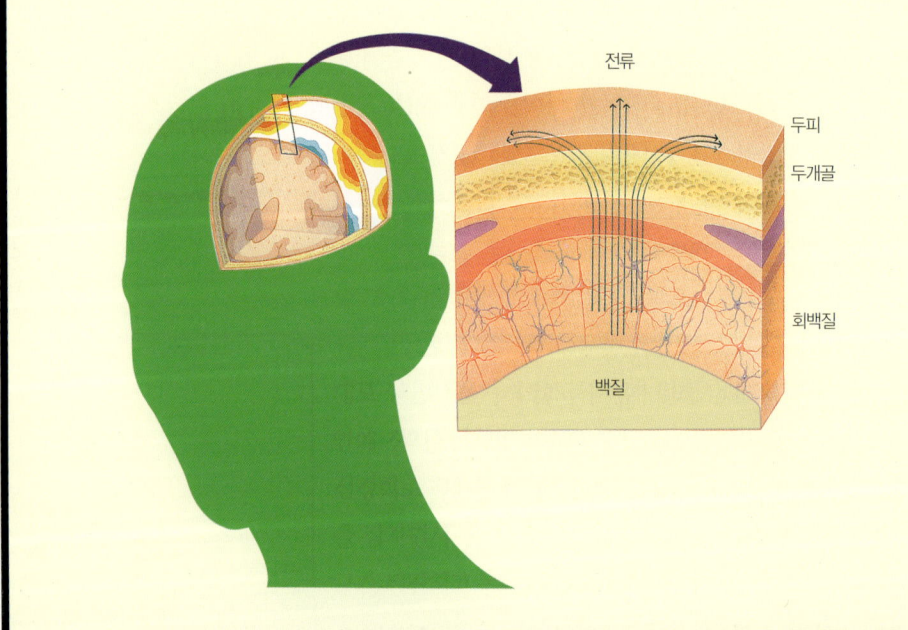

습기를 사용하면 쉽게 잠이 오고 온몸에 힘이 빠지는 것을 확인했다.

서울대 교육연구소의 조사에서는 사용학생 중 60% 이상이 심신이완 효과를 인정했다. 뇌파학습기를 사용하고 있는 한 고등학생은 "효과는 모르겠는데, 몸이 노곤해져서 굳은 마음을 먹고 앉아있지 않는 한 졸음을 이기기 힘들다"고 했고 또 다른 중학생은 "그거 쓰면 잠만 와서 지금은 안 쓴다"고 했다. 학생들 사이에서 이 기기는 아예 '졸음기계'로 불리기도 한다.

심신이완 효과에 대한 사용학생들의 공통된 경험은 뇌파학습기의 용도가 무엇인지 잘 보여준다. 국내의 한 판매사는 근래 이 기기를 학습능률 증진용이라고 선전하던 종래의 전략을 바꿔 성인들의 심신이완용기기로 홍보하는 데 역점을 둔 판매전략을 세우고 있다.

미국에서는 여독을 풀거나 안정이 필요한 사람이 사용할 수 있도록 호텔의 서비스 용품으로 비치하기도 한다. 장기 해외여행 등으로 시차적응이 어려운 사람들에게 수면을 유도하고 심신을 안정시키는 용도로 쓰이고 있는 것이다.

🔴 눈을 감고 긴장이 이완된 상태에서는 일반적으로 알파파가 검출된다.

서울대 신경과의 이상건 교수에 따르면, 신경과 환자의 심신이완을 위한 뇌파조절기법은 유럽에서 조금씩 쓰이고는 있지만 아직 의학계에서 인정되는 치료기술은 아니라고 한다. 많은 사람들이 경험한 뇌파조절기의 심신이완 효과마저도 아직까지 학계의 정설로 인정받지 못하고 있는 셈이다.

더욱이 전문가들은 뇌파조절기가 자기조절능력을 키우지 않고 기기에 의지하게 함으로써 심신의 작용을 수동적으로 만들 우려가 있다고 지적한다. 항생제를 남용하면 몸의 저항력이 떨어지는 것과 마찬가지로 기기에 의지한 정신의 조절은 정신력을 약화시킨다는 것이다.

뇌파조절기를 정신과 치료에 오래도록 응용해 효과를 인터넷에 공개한 미국의 오크스 박사도 "자신의 이성으로 자신을 제어

뇌파학습기의 구성품들
유도파발생기. 광자극과 소리자극을 발생시킨다.

소리자극이 나오는 헤드폰.

깜박이는 광자극이 나오는 광안경

할 수 없는 사람들의 마지막 방법일 수 있다"고 했다.

광자극이 부작용 일으킬 수도

뇌파를 인위적으로 조작하는 것은 뇌에 심각한 위험을 초래할 수 있다. 그래서 뇌파와 뇌파조절기에 대한 접근에 신중을 기해야 한다.

인위적인 광자극을 주면 간질발작을 일으킬 수도 있다는 것이 의학계의 정설이다. 전자오락기를 가지고 놀던 어린이들이 갑자기 발작을 일으키는 닌텐도증후군은 일종의 광과민성 간질발작이다. 뇌파학습기는 눈에 광자극을 주기 때문에 똑같은 간질발작을 일으킬 수 있으며, 국내에서도 1994년 겨울, 뇌파학습기를 사용하다 간질발작을 일으킨 사례가 매스컴에 보도됐고, 1995년 대한신경학회 추계학술대회에서도 뇌파학습기를 사용하다 광과민성 간질을 일으킨 10대 여학생 두 명의 사례가 보고됐다.

인위적인 뇌파조작이 해로운 결과를 일으킬 수 있다는 점은 신경과 전문의들의 공통적인 지적이다. 소리자극에 의한 뇌파조절기를 사용해 심신이 이완되는 효과를 경험한 인천 길병원의 박철완 박사도 "아직까지 뇌정보가 대단히 빈약하므로 뇌파조절에 돌발적인 위험성이 없다고 확신할 수는 없다"고 말한다.

의학전문가들은 인위적인 뇌파조절이 다양한 효과나 위험성들에 어떠한 합의도 이루지 못한 미완성의 기술이므로 가능한 한 제한적으로 사용돼야 한다고 강조한다.

○ 검출된 뇌파가 뇌파측정기(EEG) 화면으로 나타난다.

알파파에 대한 심각한 오해

뇌파전문가들은 뇌파학습기를 끼고 있을 때 알파파 상태가 증가하는 것은, 신비롭고 대단한 일이 아니라 당연한 일이라고 말한다. 알파파 범위의 시각자극이 주어졌을 때 뇌가 알파파를 발생시키는 것은 늘 관찰되는 현상일 뿐이다.

그리고 뇌파상태 중 알파파 상태는 학습에 가장 좋은 상태로 알려져 있지만, 뇌파전문가들은 뇌파현상을 이처럼 단순하게 이해하는 것은 크나큰 오해라고 말한다. 인하대 신경과의 이일근 교수는 "특정 뇌파를 특정한 작업과 관련짓는 생각은 매우 성급하며, 알파파는 몸에 좋고 베타파는 몸에 나쁘다는 식으로 특정한 뇌파상태가 좋고 나쁘다고 일률적으로 말할 수 없다"고 지적한다.

이 교수에 따르면 뇌에서 알파파가 나오는 상태는 정신집중 상태만이 아니라 여러 가지가 있다고 한다. 즉, 눈을 감고 심신이 이완된 상태, 가장 얕은 수면상태, 알파 혼수상태, 알파파 범위의 시각자극이 주어졌을 때, 명상이나 참선의 상태 등에서 모두 알파파가 나온다는 것이다. 따라서 뇌파학습기를 끼고 있는

뇌, 춤추는 미로

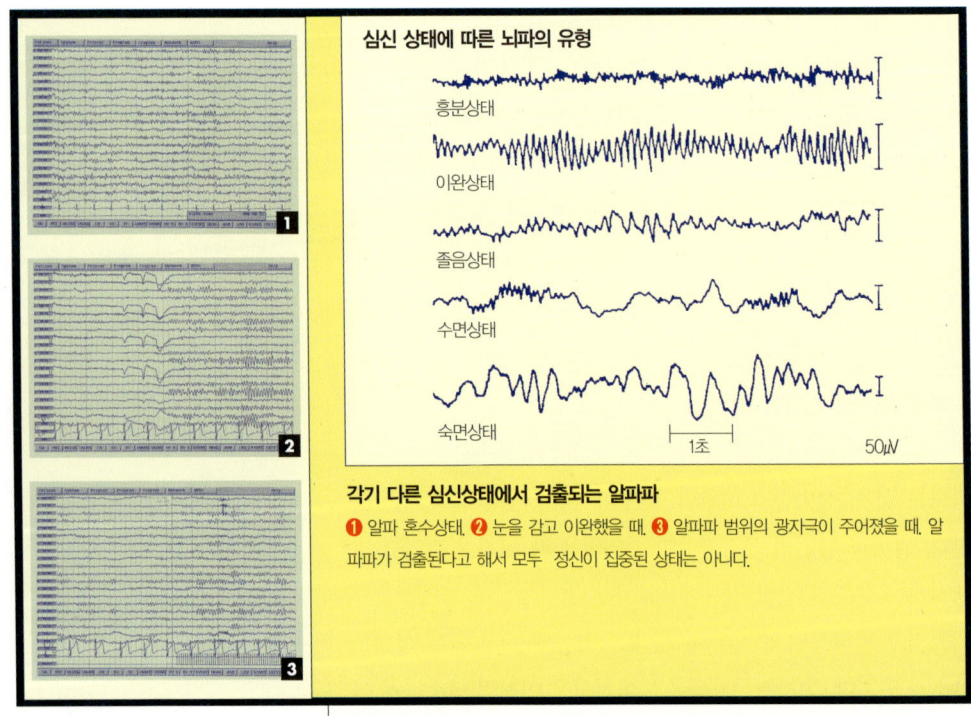

각기 다른 심신상태에서 검출되는 알파파
❶ 알파 혼수상태. ❷ 눈을 감고 이완했을 때. ❸ 알파파 범위의 광자극이 주어졌을 때. 알파파가 검출된다고 해서 모두 정신이 집중된 상태는 아니다.

학생이 알파파를 보일 경우, 그는 얕은 잠을 자고 있을 수도 있고 혼수상태일 수도 있다.

전문가에 따르면, 설사 특정 뇌파상태가 좋은 상태라 할지라도 기기를 통해서 뇌파의 상태를 완전하게 조절하기란 거의 불가능하다. 예를 들어 정신이 고도로 집중된 상태는 알파파가 넓게 분포하는 가운데 작은 진폭의 베타파가 동시에 나타나는데, 이것을 단순한 뇌파학습기로는 유도하지 못한다.

자신을 믿는 것이 가장 중요

지금까지 뇌파학습기의 원리와 효과는 너무나 과장돼있다고 전문가들은 지적한다. 김재수 박사는 "전세계적으로 뇌파조절기구가 대대적으로 선전되고 대량으로 판매되는 나라는 우리나라밖에 없다"고 말하면서 뇌파조절기구에 대한 우리사회의 과장된 관심을 우려하고 있다.

뇌파학습기에 대한 열광에도 불구하고 이 기기를 통해 성적이 향상된 학생은 그리 많지 않다. 대부분의 학생들이 큰 기대를 갖고 구입하지만 곧 실망을 안고 이를 멀리하게 되며, 기대를 건 또 하나의 시도가 실패로 끝나면서 사용하기 전보다 더 큰 불안감을 얻게 된다.

그러나 뇌파학습기를 사용해 성적이 오른 학생들도 분명히 있다. 그들은 왜 성적이 오르는가? 서울대 교육연구소의 조사는 그 이유를 잘 보여준다.

뇌파학습기를 사용해 성적이 향상된 사람은 한마디로 학습동기가 분명하고 학습계획을 철저히 준수하는, 뛰어난 자기통제 IQ를 가진 사람들이다. 또한 이들은 예습과 복습을 규칙적으로 충실히 하고, 사고나 이해 위주의 학습전략을 가지고 있는 것으로 나타났다.

이들은 뇌파학습기에 대한 과도한 기대를 하지 않으며, 자신의 노력이 중요함을 잘 인식하고 있었던 사람들이었다. 즉 이미 공부할 준비가 돼있는 사람에게 뇌파학습기가 계기를 제공한 것뿐이다.

성적을 올려주는 것은 인간이지 기계가 아니다. 요술기계나 도깨비 방망이는 기적을 만들지 못한다. 그러나 노력하는 인간은 언제나 기적을 만들 수 있다.

뇌, 춤추는 미로

인공두뇌

터미네이터, 만들 수 있나?

Brain

✪ 영화 '바이센테니얼맨'의 주인공처럼 사람에게 친근감을 주는 로봇이 등장할 전망이다.

　　잠을 깨우고 아침식사를 준비하며, 하루 일과를 알려주는 가정부 로봇. 인간의 말동무는 물론, 날씨와 기분에 맞춰 입을 옷을 추천해준다. 인공지능 자동차는 승차한 후 목적지만 말하면 최단 거리를 찾아 안전하게 이동시켜준다. 건강을 책임지는 인공두뇌 의사가 있어 아파도 걱정없다. 영화 속 얘기가 아니다. 결코 멀지 않은 미래에 쉽게 볼 수 있는 평범한 일상이다. 영국의 미래학자 이언 피어슨 박사는 오는 2030년쯤에는 컴퓨터와 인간 두뇌가 결합하는 제3의 혁명이 일어나 사람처럼 생각하는 기계, 즉 인공두뇌가 탄생할 것이라고 예견한다.

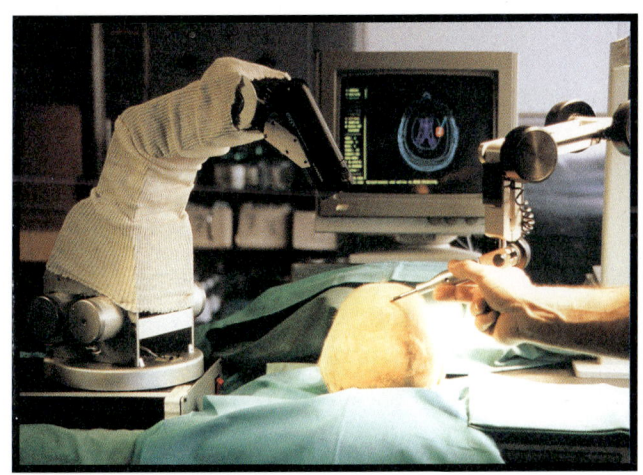

◯ 로봇이 뇌 수술을 돕는 장면. 인공두뇌의 적용 범위는 점차 확대될 것이다.

인공두뇌가 정말 현실화될까?

기계가 인간과 똑같이 생각할 수 있으려면 보고, 듣고, 추론하고, 행동하는 네 가지 능력을 가져야 한다. 또한 인공두뇌는 현재의 로봇처럼 프로그램된 대로 지시에 따라 임무를 수행하는 것이 아니라, 스스로 판단하고 배우는 학습 능력을 지녀야 한다. 따라서 사람처럼 생각하는 인공지능은 뇌의 기능을 이해해야만 개발할 수 있다.

여기서 '인공'의 의미를 확실히 파악할 필요가 있다. 사실 '인공'이라는 말은 분야에 따라 매우 다르게 사용된다. 의학에서 사용되는 '인공장기'는 손상된 장기 대신 이식수술을 할 수 있는, 인간이 만든 장기를 의미한다. 하지만 '인공지능'에서의 '인공'은 인간이 만든 지능이라는 의미일 뿐, 이식수술을 통해 인간의 지능을 대체한다는 의미가 아니다. 따라서 인공두뇌는 뇌사 판정을 받은 사람의 뇌를 대체할 수 있는 것이 아니고, 단지 '인간의 두뇌 기능을 수행하는 인공시스템'을 의미한다.

○ 눈의 수정체 모습을 분석해 누구인지 모습을 알아내는 생체인식 컴퓨터.

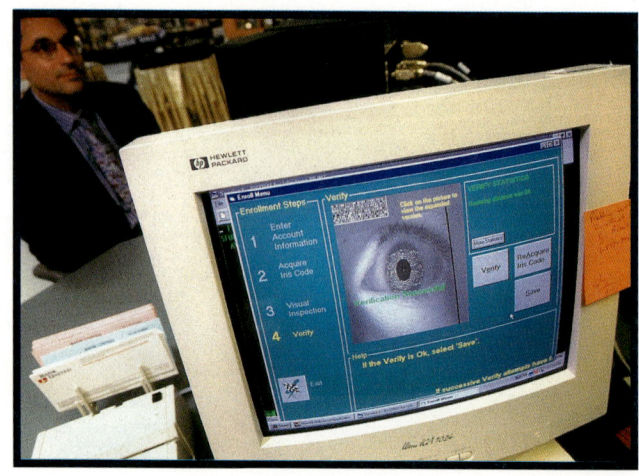

그렇다면 인간의 뇌 기능이란 무엇을 의미할까. 한마디로 외부로부터 시각과 청각을 중심으로 한 정보를 받아, 스스로 생각하고 행동하는 기능으로 정의할 수 있다. 즉 인간의 뇌 기능은 시각, 청각, 인지추론, 그리고 행동의 네 가지로 구성돼있다. 이 가운데 시각을 인공적으로 실현시키는 기술을 살펴보자. 인간은 감각 기관을 통해 주위를 인식하고 생존에 필요한 정보를 획득하는데, 이러한 감각 기능 중에서 가장 중요한 역할을 하는 것이 시각이다. 시각은 청각, 촉각 등의 다른 감각 기능과 비교할 때 인간에게 가장 직접적이고 종합적인 정보를 제공한다.

현재 인공시각에 대한 연구는 어느 정도 수준에 와있을까. 흥미롭게도 '제한된' 상황에서는 인간보다 우수한 능력을 발휘하는 경우가 존재한다. 예를 들어 컴퓨터 기판이나 반도체칩을 검사할 때 수만 개의 부품들이 제대로 부착됐는지 여부를 인간보다 빠르고 정확하게 그리고 지속적으로 알아낼 수 있다. 또 과속감시카메라는 과속차량의 번호판을 인식해 자동으로 고지서를 발급해주고 있다. 인간의 얼굴, 지문, 망막 패턴 등을 인식해 보안용으로 사용하는 생체인식기술도 최근 국내외에서 상당히 많이 실용화되고 있다. 또한 인공시각기술은 초기부터 군사적인 목적으로 많이 연구돼 현재 각종 무인병기와 정찰용 병기의 핵심기술로 사용되고 있다

◘ 미국 카네기멜론 대학이 개발한 무인자동차 내브랩.

학습 능력을 가진 로봇

뇌와 인간 시각에 숨겨진 비밀 중에 가장 신비한 것은 학습 능력이다. 막 태어났을 때 인간의 시각은 불완전하다. 그러나 생물의 시각 기능은 빛과 환경에 의한 자극과의 상호작용 중에 학습을 통해 스스로 형성되는 성질이 있다. 예를 들어 글자를 익혀나갈 때 처음에는 글자 하나하나 읽기에도 벅찬지만, 어느 정도 익숙해지면 문장 전체가 한눈에 들어오게 된다. 이 원리를 이해할 수 있다면 자연 환경의 복잡성과 다양성에 대처할 수 있는 인공시각시스템을 만들 수 있다.

학습능력을 가진 인공시각 연구는 어디까지 와있을까. 미국 카네기멜론 대학에서는 10여 년 동안 무인자동차 내브랩(NavLab)을 개발해왔다. 내브랩의 핵심적인 부위인 지능시각시스템(ALVINN)은 스스로 운전기술을 익힐 수 있다. 방법은 간단하다. 인간이 내브랩에 타고 여러 상황에서 운전을 하면 된다.

인간은 운전을 하는 도중 도로의 커브 정도나 지면 상태를 눈으로 보면서 적절하게 핸들을 돌린다. 내브랩에 장착된 카메라는 인간의 눈처럼 도로의 상태를 계속 감시하고, 다른 한편에서는 핸들이 도는 정도를 기록한다. ALVINN은 이 두 가지 데이터를 종합적으로 분석하고, 사람이 타지 않았을 때 카메라를 통해

들어오는 도로의 영상을 보며 적절하게 핸들을 조작한다. 이러한 과정을 통해 '이 도로에서는 30도 오른쪽으로 핸들을 돌려야 한다'는 학습이 이뤄지는 것이다. 내브랩 연구는 다양한 환경에 적응할 수 있는 인공시각시스템을 만들어낼 수 있는 가능성을 보여주고 있다.

인간 닮은 로봇시대 성큼

2000년 11월 일본의 혼다사는 인간형 로봇 아시모(Asimo)를 선보였다. 이 로봇은 계단을 오르내리고 방향 전환을 하는 등 인간의 두발 보행을 거의 완벽하게 구현해 많은 사람들을 놀라게 했다. 로봇이 인간과 같이 생활하려면 우선 사람을 다치지 않게 부드러운 운동을 할 수 있어야 한다. 또 스스로 판단하고 사람과 말로 의사 소통이 가능해야 한다. 사람들이 아시모에 열광하는 것은 인간형 로봇이 극복해야 할 가장 기본적인 문제 중 하나를 해결했기 때문이다.

그 문제는 첫째, 인간의 움직임을 가장 잘 표현하는 하드웨어 기술이며 둘째는 인간과 의사소통을 하며 주어진 임무를 할 수 있도록 학습능력을 갖추는 일이다. 아시모는 이 중 첫째 문제를 가장 잘 해결한 것으로 평가되고 있다.

학습능력 면에서는 미국 매사추세츠공대 인공지능연구소의 로드니 브룩스 박사가 개발 중인 코그(COG)가 현재 가장 앞선 것으로 알려져있다. 코그는 중앙통제프로그램 대신 수많은 벌이나 개미가 모여 하나의 집단 지식을 형성하듯 독립된

○ 일본 소니사가 개발한 강아지 로봇 아이보는 기쁨, 슬픔, 성남, 놀람, 두려움, 싫어함 등 여섯 가지 감정을 나타낼 수 있다.

◯ 집안을 청소하고 커피 심부름도 해주는 서비스 로봇들.

마이크로프로세서들의 네트웍을 이뤄 주변 환경을 인식한다. 그 결과 정해진 일만 하는 로봇이 예측하지 못한 일을 만나면 멈추는 것과 달리 코그는 마치 어린아이처럼 날마다 새로 마주치는 것을 모두 받아들인 뒤 시행착오를 거쳐 자신의 것으로 만든다. 이는 사람이 학습하는 과정과 별로 다르지 않다. 이러한 의미에서 코그는 인간형 로봇의 학습 모델을 제시했다고 볼 수 있다. 전문가들은 미래에는 학습능력이 떨어지는 로봇들이라도 교신을 통해 정보를 공유해 개별 로봇의 지식을 폭발적으로 증가시킬 수 있을 것으로 보고 있다.

인간형 로봇의 궁극적 목표는 인간처럼 자의식을 가진 로봇을 만드는 것이다. 브룩스 등 로봇공학자들은 자의식도 컴퓨터 기술로 생성시킬 수 있다고 주장한다. 그럴 경우 영화에 나오는 것처럼 로봇이 인간을 공격하지 않을까?

이런 문제에 대비해 SF작가 아이작 아시모프는 1940년대에 이미 다음과 같은 '로봇의 3대 원칙'을 만들었다. 첫째, 로봇은 인간을 다치거나 위험에 빠지도록 해서는 안 된다. 둘째, 로봇은 첫째 규범에 저촉되지 않는 한 인간이 내린 명령에 복종해야 한다. 셋째, 로봇은 첫째와 둘째 규범에 저촉되지 않는 한 자신의 존재를 보호해야 한다.

주인 명령 알아듣는 똑똑한 애완 로봇

아이들의 장난감은 바비 인형과 같이 고정된 외형을 갖는 모델에서 출발해, 태엽과 같이 간단한 구동방법에 의해 이동이 가능한 장난감, 하나의 장난감이 여러 가지 모습으로 변화할 수 있는 변신 로봇, 그리고 정해진 몇 개의 동작을 반복할 수 있는 장난감 등으로 변화하면서 많은 인기를 누렸다. 이는 아이들이 처음에는 장난감의 고정된 외형에 호기심을 갖게 되지만 곧 싫증을 느끼기 때문에 그로부터 탈피해 다양한 모습을 제공할 수 있는 모양으로 변화돼왔음을 의미한다.

○ 어린아이가 로봇과 자유롭게 어울릴 수 있기 위해선 안전한 로봇을 만드는 것이 가장 큰 과제다.

요즘에는 첨단의 제어, 컴퓨터, 인식, 감지 기술이 전세계적으로 사람과 감정적인 교감이 가능한 장난감에 적용되고 있다. 이들 장난감은 사람의 행동을 감지해 그에 대응하는 반응을 보여주고, 사람과의 계속되는 접촉을 통해 스스로를 변화시킬 수 있다. 즉 장난감이 지능을 갖게 된 셈이다. 이들을 가리켜 '쌍방향 장난감'이라고 부른다. 그렇다면 이들은 어느 정도의 지능을 가지고 있을까?

쌍방향 장난감의 대표적인 제품은 1999년 일본 소니사에서 개발한 강아지 로봇 '아이보'(Aibo)다. 아이보는 음성을 알아들이는 마이크, 음성을 합성해 내보내는 스피커, 사람의 눈과 같이 영상을 읽어들이는 영상 센서, 주위 온도를 감지하는 열 센서, 주변의 장애물이나 물체를 감지하는 적외선 센서, 동작의 방향과 자신의 자세를 감지하는 가속도 센서, 그리고 접촉 여부를 감지하는 접촉 센서를 내장하고 있다. 또한 입, 머리, 네 다리 그리고 꼬리를 움직일 수 있도록 모터를 장착하고 있어서 넘어지더라도 스스로 일어설 수 있으며, 다양한 동작을 통해 행복, 인사, 어리석음, 하품, 호소 등의 감정까지도 사람에게 표현할 수 있다.

이런 동작들은 사용자의 명령에 의한 것이 아니라 집안에서 키우는 애완견과 비슷하게 사람과의 상호작용을 통해 감지된 주위의 환경에 반응하는 것이다. 따라서 몇 가지의 다른 동작을 반복하던 기존의 장난감과는 다르다. 장착된 영상 센서를 사용해 특정한 색을 띠는 물체를 추적해 따라갈 수 있고, 접촉센서를 사용해 사용자가 아이보를 대하는 행동습관에 따라 스스로 학습해 성격을 변화시켜가는 지능을 가지고 있다. 즉 외부환경과 상호작용을 통해 스스로를 변화시키고 그에 따른 행동을 사용자에게 보여줌으로써 어린아이들이 성장하는 것과 유사하게 스스로 성장하는 학습 기능과 지능을 지니고 있는 것이다. 이 때문에 처음 샀을 때는 동일한 장난감이지만, 사용자와 같이 지내면서 나만의 사랑스런 장난감으로 성장하게 된다.

쌍방향 장난감은 매우 작고 간단해 보이는 장난감이지만 그 안에는 세계를 선도하는 첨단기술들이 포함돼있다. 인공두뇌 연구는 결국 현재의 첨단기술과 산업을 일궈나가는 핵심이 될 것이다. 인공두뇌는 뇌과학, 신경과학, 컴퓨터공학, 의공학의 총체적 산물이기 때문이다.

뇌, 춤추는 미로

정신유전자

생각도 유전될까?

Brain

　최근 몇 년간 성격을 결정하는 유전자의 존재가 알려지면서 행복유전자니 자살유전자니 하는 '성격유전자'에 대한 관심이 커졌다. 성격뿐 아니라 뇌와 관련된 여러 가지 질병(신경정신계 질환)이 유전자와 관련된다는 주장들도 많은 연구자들에 의해 제기되고 있다. 그러나 안타깝게도 현재 뇌의 크기, 지능이나 이외의 다른 뇌 기능을 관할하는 유전자의 수나 위치에 대해 밝혀진 것이 거의 없는 실정이다.

유전자와 세포의 기능

인간과 침팬지는 약 30억 개의 DNA 중 약 1% 정도만 다르다. 그런데 그 1%의 차이가 한 쪽은 만물의 영장으로, 다른 한 쪽은 아프리카 밀림에 사는 유인원으로 만들었다. 사실 유전의 물리 구조인 DNA는 종이 다르다고 해서 전적으로 다르지 않다. 따라서 고양이의 DNA, 말의 DNA, 인간의 DNA를 화학적으로 구분하는 것은 불가능하다. 개구리와 사람을 구분짓는 것은 DNA를 구성하고 있는 네 개의 염기 - 구아닌(G), 시토신(C), 티민(T), 아데닌(A) - 배열에 달려있다. 모든 생명체는 G, C, T, A, 네 글자의 배열에 따라 존재가 결정된다고 해도 과언이 아니다.

그렇다고 염색체에 있는 유전자 모두가 영향력을 행사하는 것은 아니다. 많은 유전자 중 일부만이 특정한 단백질을 생산하면서 각 세포의 기능을 결정한다. 인간은 하나의 세포(수정란)가 분열돼 만들어졌지만, 유전자가 특정 세포마다 다르게 발현되기 때문에 다른 모양, 다른 기능을 갖는 조직과 기관들이 우리 몸속에 있게 되는 것이다. 즉 피부세포와 신경세포는 같은 DNA, 같은 유전자들을 갖고 있지만 신경세포에서 발현되는 유전자들 중 많은 부분이 피부세포에서는 발현되지 않는다. 각 세포마다 유전자로부터 받는 정보가 다르기 때문에 만들어지는 단백질도 다른 것이다.

뇌세포도 우리 신체의 다른 세포들처럼 유전 부호를 가지고 있다. 따라서 뇌와 관련된 기능이 정상이냐, 비정상이냐는 DNA로부터 단백질이 만들어지는 중간과정에서 유전 정보가 바르게 전달되느냐, 잘못된 정보가 전달되느냐에 따라 결정된다.

뇌, 춤추는 미로

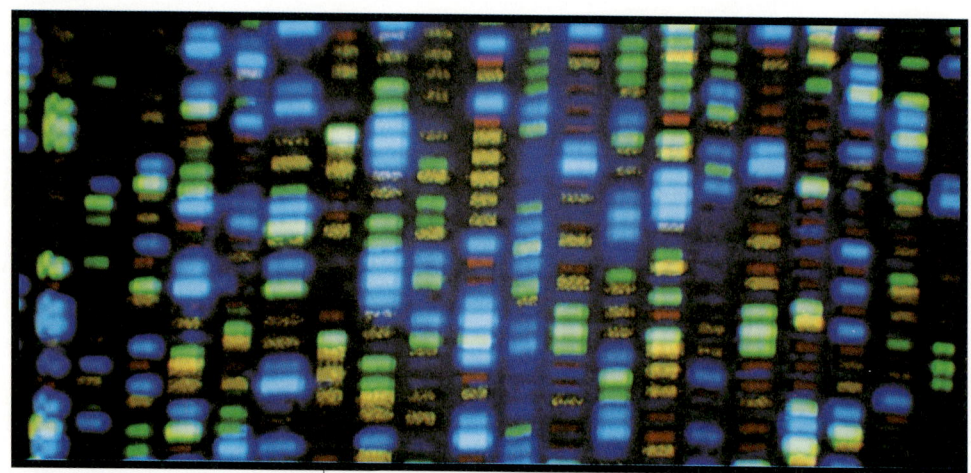

◐ 유전자 염기배열을 방사성 물질로 염색한 것.

탐구성과 창조성, 스릴을 좋아하는 성격유전자

1996년 이스라엘의 엡스타인 박사와 미국의 벤저민 박사는 도파민 수용체 중 제4형 유전자가 탐구성, 창조성, 스릴을 좋아하는 성격과, 완고하고 신중한 성격을 일부 결정한다고 보고했다. 제4형 유전자의 3번 엑손(발현되는 유전정보를 가진 부분)이 길면 창조성, 탐구성이 높고 스릴을 추구하는 성격이 되고, 3번 엑손이 짧으면 완고하고 융통성이 없는 성격이 된다는 것이다. 이 유전자는 11번 염색체에 있는 것으로 알려졌다.

신경 전달 물질인 도파민이 창조와 고도의 정신기능에 큰 영향을 미친다는 사실은 오래 전부터 알려져왔기 때문에 도파민이 결합하는 수용체의 유전자가 창조성, 탐구성과 같은 인간의 성격과 관계가 있다는 것은 비교적 설득력 있게 받아들여지고 있다. 또 도파민 4형 수용체의 결함으로 정신분열증이 발생돼 사고장애와 환각, 망상이 나타난다는 보고도 있다. 한편으로는 정신분열증이 6번 염색체에 있는 어떤 유전자의 이상과 관련된다고 주장하는 사람도 있다.

저돌성과 폭력성은 세로토닌 관련 유전자가 영향을 미친다는 예측도 나오고 있다. 폭력성이 높은 사람이나 자기 자신에 대한 폭력이 심한 사람, 즉 자살하는 사람에게는 세로토닌 관련 유전자의 작용이 낮다는 것이다. 또 세로토닌 결핍이 과격한 행동뿐 아니라 병적인 도박을 유발한다는 보고도 나와있다.

그런데 성격 형성에 어떤 한 유전자가 원인이라고 결론짓는 것은 단순하고 위험한 생각이다. 인간의 성격은 한 유전자로부터의 단순한 정보전달에 의해 이뤄지는 것이 아니라 여러 유전자가 같이 작용함으로써 이뤄진다. 성격에 따른 행동장애를 진단하는 것은 내과적 질환을 진단하는 것과는 다르다. 그리고 성격유전자는 외부환경과의 끊임없는 교신을 통해 상당 부분 변화돼 나타날 수 있기 때문에, 유전적 성향의 발현 여부는 유전자와 환경의 상호작용의 결과에 달린 것이라고 할 수 있다.

신경정신계 질환과 관련된 유전자들

알츠하이머 치매의 원인 유전자는 21번 염색체에 있는 아밀로이드 유전자로 알려져 있다. 또 60세 이전에 발생하는 유전적 조기 치매의 90%가 14번 염색체에 있는 조로유전자의 결함 때문인 것으로 밝혀졌으며, 나머지 10%의 조기 치매는 1번 염색체에 있는 또 다른 조로유전자의 이상 때문이라고 알려졌다.

또한 19번 염색체에 있는 아포이 단백질 4형 유전자가 알츠하이머 치매 발생을 3배 이상 높여준다는 보고도 있다. 따라서 아포이 유전자 4형을 가진 사람들은 치매가 발생될 가능성이 높기 때문에 조심해야 한다. 그러나 알츠하이머 치매는 단일 질환이

◐ 일란성 쌍둥이는 똑같은 유전자를 갖고 있다. 그러나 이 형제의 미래는 같지 않을 것이다.

기보다는 여러 유전자가 관련돼 일어나는 복합 질환군이라고 생각되고 있다.

알츠하이머 외에도 40가지 이상의 신경정신계 질환이 유전자 결함과 관련돼있는 것으로 알려졌다. 한 예로 미국 필라델피아 근처, 네덜란드인들이 집단 거주하는 지역에서는 유전적으로 조울병의 발생률이 높은데, 이것이 11번 염색체의 유전자 이상과 관련이 있음이 발견됐다.

유전자는 1백% 표현되지 않는다

그러나 유전적 경향을 가진 뇌질환에서는 유전자를 가지고 있더라도 유전자가 얼마만큼 표현되느냐에 따라 질병 양상이 상당히 달라진다. 유전자가 1백% 완전히 표현된다면 그 유전자를 가진 사람은 1백% 그 질병에 걸리겠지만, 이런 경우는 비교적 드물다. 어떤 사람은 아주 심하게 유전이 되고 어떤 사람은 병이 있는지조차 잘 모를 정도로 아주 약하게 유전된다. 따라서 뇌질환의 유전자 진단으로 어떤 사람이 질병관련 유전자를 가지고 있다는 사실이 발견되면 이것은 "이 사람이 질병에 걸릴 것이다"라는 사실보다 단지 질병에 대한 감수성이 높다는 사실을 의미하는 것으로 받아들이는 것이 옳다.

흔히 "아이의 성격은 부모를 닮는다"고들 생각한다. 이것은 어머니와 아버지의 유전자를 동시에 받았으므로 당연한 것이다. 어머니와 아버지의 반쪽 유전자를 재료로 '성격'이라는 집의 기본 틀을 만든 것이기 때문이다. 그러나 그 집을 어떤 재료로 꾸미냐에 따라 오두막이 될 수도 있고 궁전이 될 수 있는 것처럼, 교육이나 사회적 환경에 의해 사람의 성격은 바뀔 수 있다. 또한 처한 상황에 따라 자신이 갖고 있는 유전자가 더 많이 나타날 수 있고 적게 나타날 수 있는 것이다.

유전자가 규명된다고 해서 모든 것이 해결되는 것이 아니다. 뇌의 구조와 기능 속에서 해당 유전자가 이해돼야 한다. 즉 해당 유전자가 뇌 구조와 뇌 기능에 어떤 영향을 미치는지가 밝혀져야 한다. 인간의 정신과 관련된 유전적 발견은 정서장애(조울증과 우울증), 불안(공황, 두려움, 강박증), 그리고 사고장애(정신분열증)와 같은 3대 유전적 정신질환에 대한 기존의 우리 생각을 혁신적으로 변화시킬 것이다.

정신질환

치매, 우울증 그리고 자폐증

Brain

정신질환은 뇌의 기능에 이상이 생겨 나타나는 병이며, 크게 정신분열증 등의 정신병, 우울증 등의 노이로제, 결벽증 등의 성격장애, 자폐증 등의 소아청소년장애 등으로 나뉘며, 이 중 가장 흔한 정신질환은 우울증이다. 그리고 나이가 들면서 나타나기 쉬운 치매도 노인 인구가 급증하면서 사회적인 문제로 대두되고 있다.

 분자생물학의 발달로 이러한 정신질환의 원인이 뇌 특정 부위의 신경세포 간의 대화에 문제가 생겼을 때 발생되는 것으로 조금씩 밝혀지고 있다. 현재까지 밝혀진 바에 의하면, 특정한 신경 전달 물질을 사용하는 뇌 신경세포망의 대화가 부족하거나 지나쳐서 정신질환이 발생한다고 한다.

치매

보통 성인은 천억 개의 뇌세포 중 하루 십만 개 정도가 자연사하는데, 여러 가지 이유로 하루 수십만 개에서 수백만 개씩 죽어 뇌 기능이 떨어지는 것을 '치매'라고 한다. 치매는 보통 기억장애부터 시작된다. 또 약속을 잊거나 물건을 어디에 두고 나중에 찾게 되는 경향이 늘게 된다. 좀 더 진행되면 하고 싶은 말이나 표현이 금방 떠오르지 않게 되고 읽기와 쓰기에 장애가 생기며 방향감각이 떨어지거나 심하면 길을 잃고 헤맬 수도 있다.

치매환자는 언뜻 보면 정신병 환자와 비슷하게 보이지만, 치매는 정신병이 아니라 뇌의 각종 질환으로 인해 지적 능력을 상실하는 것이다. 인간의 지적 능력은 대뇌피질의 각 부위에서 이뤄지는 여러 가지 고차 기능(기억력, 언어능력, 시공간능력, 계산력, 추상적 사고능력 등)이 복합돼 발현되는 것인데, 뇌의 이러한 기능들이 골고루 손상됐을 때 치매라고 한다. 따라서 치매는 질환명(병이름)이 아니고 두통 같은 일종의 증상군이다.

두통을 일으키는 원인이 수없이 많은 것처럼 치매의 원인도 매우 다양하다. 제일 대표적인 치매는 알츠하이머형 치매와 혈관성 치매다. 혈관성 치매란 뇌혈관 질환이 누적돼 나타나는 것으로 고혈압, 당뇨병, 고지질증, 심장병, 흡연, 비만을 가진 사람에게 많이 나타나는데 그 중에서도 고혈압이 가장 무서운 위험 요소다.

정상적인 혈관 벽은 매우 말랑말랑하고 투명해 그 안을 돌아

○ 치매에 시달리고 있는 레이건 전 미국 대통령. 기억을 많이 잊어버려 낸시 여사가 매우 우울해한다고.

다니는 피가 다 보인다. 그런데 혈압이 높은 상태로 오래 지속되면 혈관 벽이 풍선 늘어나듯 부풀게 되고 그 반작용으로 우리 몸은 혈관이 터지는 것을 막기 위해 혈관 벽의 근육층이 두꺼워진다. 이런 근육층은 혈관 안쪽으로 발달하기 때문에 결국 혈관이 좁아지고 막히게 된다. 큰 혈관이 막히거나 터지면 반신불수, 언어장애 등 금세 눈에 띄는 장애가 나타나지만 매우 작은 혈관이 손상되면 손상되는 뇌세포의 양이 매우 소량이기 때문에 눈에 띄지 않게 된다. 그러나 이런 변화가 누적되면 결국 치매에 이르게 된다.

한편 알츠하이머병은 보통 65세 이상의 노인에게 발병한다.

건강했던 뇌세포들이 서서히 죽어가면서 치매 증상이 발생하는데 이런 것을 퇴행성 치매라고 한다. 아직까지도 왜 뇌세포가 죽어가는지 완벽하게 밝혀지는 못했지만, 유전자의 이상 때문에 발병한다는 것이 확실시 돼가고 있다. 이 유전자의 이상 때문에 잘못된 단백질이 만들어지고 이 잘못된 단백질이 뇌세포를 죽게 만든다는 것이다. 따라서 직계가족 중에 알츠하이머병이 있을 경우, 그렇지 않은 사람보다 알츠하이머병에 걸릴 확률이 3배 정도 높다.

뇌세포는 일단 파괴가 되면 다시 재생되기 어렵기 때문에 치매가 심해지면 다시 돌이킬 수 없는 경우가 흔하다. 따라서 예방이 매우 중요하다. 혈관성 치매는 예방할 수 있고 또 조기에 발견하면 더 이상 진행되는 것을 막을 수 있다. 혈관성 치매를 강조하는 이유는 우리나라에는 혈관성 치매가 치매환자의 반 이상을 차지할 정도로 많기 때문이다.

앞에서 말한대로 치매는 보통 기억장애부터 시작하며 노망증세(예를 들어 남을 의심한다든가, 밤에 잠을 안 자고 왔다 갔다 한다든가 등)가 생길 때까지 약 3~4년간의 여유가 있다. 따라서 기억장애가 있을 때 노인이 되면 으레 기억력이 떨어진다고 생각하지 말고 정확한 진단을 받아 치매로 발전하는 것을 막아야 한다.

현재 과학자들은 베타 아밀로이드와 타우라는 단백질을 치매의 원인 물질로 주목하고 있다.

베타 아밀로이드는 뇌세포 밖에서 세포간 신호를 주고 받는 '시냅스'에 얽혀 염증을 유발하고 결국 세포를 파괴하는 단백질 덩어리이며, 타우 단백질은 뇌세포 원형질의 미소관에 얽혀서

● 새로운 유전자 전달 물질을 개발해 우울증의 유전자 치료에 새 장을 연 하버드의대 김광수 교수(왼쪽)와 황동연 박사.

미소관을 꼬아 망가뜨리고 마침내 세포를 죽인다.

알츠하이머병으로 사망한 환자의 뇌를 부검해보면 세포와 세포 사이에 아밀로이드라는 단백질이 침착돼있고, 세포 내에는 신경섬유가 얽혀있는 것이 관찰된다. 이 단백질이 뇌 안의 쓰레기로 작용해 정상적인 뇌세포의 활동을 마비시킨 것이다.

우울증

한 통계자료에 따르면 인류의 15%가 일생 동안 한 번은 우울증에 빠진다고 한다. 특히 남자보다 여자가 2배 정도 더 많이 걸리며, 계절적으로 겨울에 더 많이 발생하는 특징도 있다. 또한 예술가들에게 우울증 발병률이 훨씬 더 높다.

의료계는 우울증이 뇌신경 질환의 일종이라는 데 의견을 모으고 있다. 뇌 내부에 자연적으로 존재하는 신경 전달 물질 중 노르에피네프린과 세로토닌이라는 물질의 활성이 떨어지면 우울증이 발생한다는 가설이 가장 유력하다. 또 도파민이라는 신경 전달 물질의 활성이 감소하는 것 역시 우울증의 원인이 될 수 있다는 주장도 제기됐고, 신경내분비 계통의 이상들도 원인으로 주목되고 있다. 즉 뇌에 의해 그 분비가 조절되는 갑상선호르몬이나 부신호르몬 같은 호르몬의 작용에 이상이 생기면 우울증이 생긴다.

최근에는 분자생물학적 기술의 발전에 힘입어 5번과 11번 염색체와 X 염색체에 이런 기분장애의 유전자 표지들이 있다고 보는 사실이 밝혀졌다. 이 연구에 따르면 5번 염색체에는 도파민이 분비되는 신경 수용체에 관한 유전자가 위치하며, 11번 염색체에는 노르에피네프린이나 세로토닌 같은 물질의 합성을 좌우하는 효소에 대한 유전자가 위치한다고 한다.

이 연구결과는 신경 전달 물질이 우울증의 한 원인이라는 가설을 확인시켜주며, 이 물질들의 활성을 회복시켜야만 우울증을 치료할 수 있음을 의미한다. 실제로 우울증의 치료 약물로 개발돼 큰 효과를 보고 있는 많은 항우울제들의 주된 작용은 이런 신경 전달 물질들의 활성을 높이는 것이다.

최근 재미 한국 과학자들에 의해 우울증이나 마약중독 등의 정신질환을 치료할 수 있는 새로운 유전자 치료법이 개발돼 화제를 모으고 있다.

미국 하버드의대 김광수 교수와 황동연 박사는 노르아드레날린 신경세포에만 치료용 유전자 DNA를 보낼 수 있는 새로운 유전자 전달 물질을 개발했다. 노르아드레날린은 신경신호 전달 물질로 우울증, 마약중독 등 정신질환에 결정적인 관련이 있다. 따라서 이 신경세포만 선택적으로 치료할 수 있다면, 다른 정신질환을 유발하지 않는 안전한 치료가 가능할 것이다.

자폐증

자폐증은 보거나, 듣거나, 느낀 감각들을 적절히 이해하지 못해서 사회적 관계 형성이나 의사소통, 행동 등에 심각한 문제를 일으키는 뇌질환이다. 이 발달장애는 대개 3세 이전부터 나타나기 시작해서 평생 지속된다. 자폐증을 앓는 사람들은 특정 행동을 고집하고 똑같은 행동을 반복하고, 타인과 의사소통이 매우 어렵지만 특정한 분야에서는 천재적 능력을 나타내기도 한다.

그러나 왜 자폐증에 걸리게 되는지에 대해서는 정확하게 밝혀진 바가 없다. 단지 자폐증은 단순한 '마음의 병'이 아니라 '뇌가 정보를 처리하는 방식에 문제가 있는 질환'이라는 사실을 밝혀냈을 뿐이다. 사망한 자폐증 환자 뇌 구조를 조사한 결과 뇌의 측두엽 안쪽의 림빅계(limbic system) 중 아미그달라와 해마 부분이 덜 발달돼있었다. 아미그달라는 감정이나 공격성을, 해마는 단기 기억과 자극의 입력, 학습 등을 담당하는 영역이다. 또 MRI(자기공명영상법) 연구에 의하면, 자폐아의 소뇌가 정상인에 비해 작다고 한다. 소뇌는 몸의 균형뿐 아니라 주의집중에도 관여하는 영역으로 알려져있다.

자폐증 환자 중 약 10% 정도는 비상한 재능을 갖고 있는 것으로 알려져 있는데, 이들을 자폐적 천재(autistic savant)라고 부른다. 이들의 재능은 음악이나 미술 같은 예술 분야에서부터 수학, 암기력에 이르기까지 실로 다양하다. 그러나 왜 이들이 이런 재능을 갖게 됐는지는 아직 알려져있지 않다. 많은 이론들이 제안됐지만, 뒷받침할 만한 객관적인 증거는 아직 없는 상태다. 단지 이들이 놀라운 집중력을 가졌고, 그것을 특정 영역에 장시간 집중할 수 있다는 것이 그 비결이라는 주장이 있다.

뇌를 연구하는 방법

Science Story

탐구마당
읽을거리

살아있는 뇌의 기능 – 어떻게 알아보나?

오랫동안 사람들은 동물의 뇌를 연구하거나 죽은 사람의 뇌를 관찰하는 방식으로 뇌를 연구했다. 기원전 275년경에 그리스의 의사였던 에라시스트라토스(Erasistrateos)는 인간의 뇌가 다른 동물의 뇌보다 복잡한 구조를 하고 있다는 것을 관찰하고, 이러한 복잡함에서 인간의 발달한 지능이 나타난다고 생각하기도 했다. 그러나 살아있는 뇌를 연구하는 것은 매우 어려운 일이어서 뇌 손상을 입은 환자의 행동을 연구하는 것 외에 다른 방법을 사용하지는 못했다.

그런데 20세기에 들어와 과학기술이 발달하면서 해부하지 않고도 뇌의 모습을 알아보거나 뇌의 기능을 연구하는 것이 가능해졌다. X선이나 자기공명을 이용해 얻은 자료를 컴퓨터로 처리해 3차원적인 뇌의 영상을 얻을 수 있게 된 것이다. 이러한 기술을 각각 컴퓨터단층촬영(Computer Tomography, CT)이나 자기공명영상(Magnetic Resonance Imaging, MRI)라고 부른다. 이러한 기술은 뇌의 비정상적인 부분을 찾아내어 치료할 수 있도록 해준다.

최근에는 이러한 기술이 더 발전돼 살아있는 뇌의 기능을 연구하는 방법들도 개발됐다. 양전자단층촬영(Positron Emission Tomography, PET)이 그것이다. PET는 약간의 방사성 동위원소로 표지된 포도당 등을 수검자에게 주사하고 이 포도당이 뇌에서 사용될 때 방출되는 방사능을 감지기로 포착한 후, 컴퓨터로 분석해 3차원 영상을 얻는 방법이다. 이 방법을 사용하면 뇌의 어느 부분이 활발하게 작용하는지를 알아낼 수 있다. 포도당은 뇌에서 사용하는 에너지원이므로 포도당이 많이 사용되는 곳이 활발하게 활동하는 부분이 된다.

예를 들어 실험 대상인 사람이 말을 하거나 노래를 하면서 PET 검사를 받으면 뇌의 어느 부분이 말을 하거나 노래를 하는 데 관여하는지 알 수 있다. PET 외에도 살아있는 뇌의 기능을 연구하는 방법으로 기능MRI(Functional MRI)가 있다. 대부분의 질병은 해부학적인 형태 변화가 생기기 전에 기능적인 변화와 생화학적인 변화가 일어나고 PET는 생화학적인 변화 이상을 찾아낼 수 있어 각종 질병의 조기 진단 및 미세한 변화를 알아낼 수 있다. PET와 기능 MRI와 같은 방법은 뇌와 관련된 질병을 치료하는 데 사용될 뿐만 아니라 정상적인 상태에서 뇌의 기능을 밝혀내는 데도 큰 기여를 하고 있다.

서바이벌 퀴즈

Survival Quiz

- 대뇌의 좌우반구가 서로 다른 기능을 갖는다는 것을 밝혀낸 과학자는 누구일까?
- 인류 역사상 최초로 마취를 실시한 사람은 누구일까?
- 선사시대 두개골에서 발견된 구멍의 실체는 무엇일까?
- 식인 풍습으로 인해 유행했던 신경계 질환은 무엇일까?

4 뇌를 연구한 사람들

 역사

이 장에는 뇌를 연구한 사람들과 뇌와 관련된 역사적인 얘기들이 들어있다. 좌우뇌의 차이를 밝힌 과학자, 선사시대부터 실시돼온 뇌 수술의 역사, 그리고 마취의 역사에 대해 알아본다.

1 좌뇌와 우뇌
초상화의 비밀

2 마취의 역사
잠들게 하는 기술

3 뇌 수술의 역사
선사시대 때 뇌 수술했다

4 식인종 포어족
뇌와 관련된 작은 얘기

뇌, 춤추는 미로

초상화의 비밀

좌뇌와 우뇌

Brain

'한국인명초상대관'에 수록된 초상화 대부분이 정면상을 제외하면 90% 이상이 왼쪽 측면상이다.

대뇌의 좌우 반구는 표면적으로는 비슷하게 보인다. 좌우 대뇌 반구의 운동령과 감각령은 같은 방식으로 그 기능을 나타낸다. 그러나 좌뇌와 우뇌의 연합령은 매우 다른 기능을 나타내므로 한 뇌에 두 개의 뇌를 가지고 있다고 할 수 있다.

좌뇌에는 언어중추가 있으며 논리나 수리능력을 위한 연합령도 있다. 반대로 우뇌에는 언어, 논리, 수리중추는 부족하나, 상상력, 공간지각, 예술적 재능이나 음악적 재능, 정서를 담당하는 연합령이 있다.

로저 스페리의 연구

왼쪽과 오른쪽 대뇌 반구가 서로 다른 기능을 갖는다는 사실은 노벨상 수상자 로저 스페리의 연구로부터 밝혀졌다. 스페리와 그의 동료는 1960년대에 양단뇌(split brain) 환자들에 대해 광범위한 연구를 실행했는데, 이 환자들은 좌뇌와 우뇌 사이에 정보를 전달하는 신경 섬유 덩어리인 뇌량이 절단돼있었다.

지금은 이미 구식이 돼버린 방법이지만, 과거에는 심한 간질성 발작을 치료하기 위해 뇌량을 외과적으로 절단하는 방법을 자주 이용했다.

이 치료방법은 거칠긴 하지만 환자들의 병세는 급속히 호전됐으며, 성격의 변화나 지능의 소실 등은 겪지 않는 것처럼 보였다. 그러나 스페리에게는 뉴런 덩어리를 절단한 것이 문제를 야기하는 것으로 보였고, 그의 실험은 그 걱정이 기우가 아니었음을 확인시켜 줬다.

양단뇌 환자가 왼손에 열쇠를 잡고 양 눈을 뜬 상태에서는 그것을 '열쇠'라고 쉽게 이름을 댈 수 있다. 그러나 그 환자의 눈을 가리게 되면 왼손으로 열쇠를 만져보고 문을 여는 데 사용할 수는 있지만 열쇠라는 이름을 대지는 못한다.

우뇌는 몸의 왼쪽 부분의 감각기관으로부터 대부분의 정보를 받고, 좌뇌는 몸의 오른쪽 부분으로부터 대부분의 정보를 받는다. 따라서 왼손에 열쇠를 잡고 있다는 감각의 신호는 우뇌로 들어간다. 그리고 언어중추는 좌뇌에 있다. 그러나 그 환자는 뇌량이 손상됐기 때문에 열쇠에 대한 정보가 우뇌에서 좌뇌로 지나갈 수 없어 열쇠라는 이름을 댈 수 없게 된 것이다.

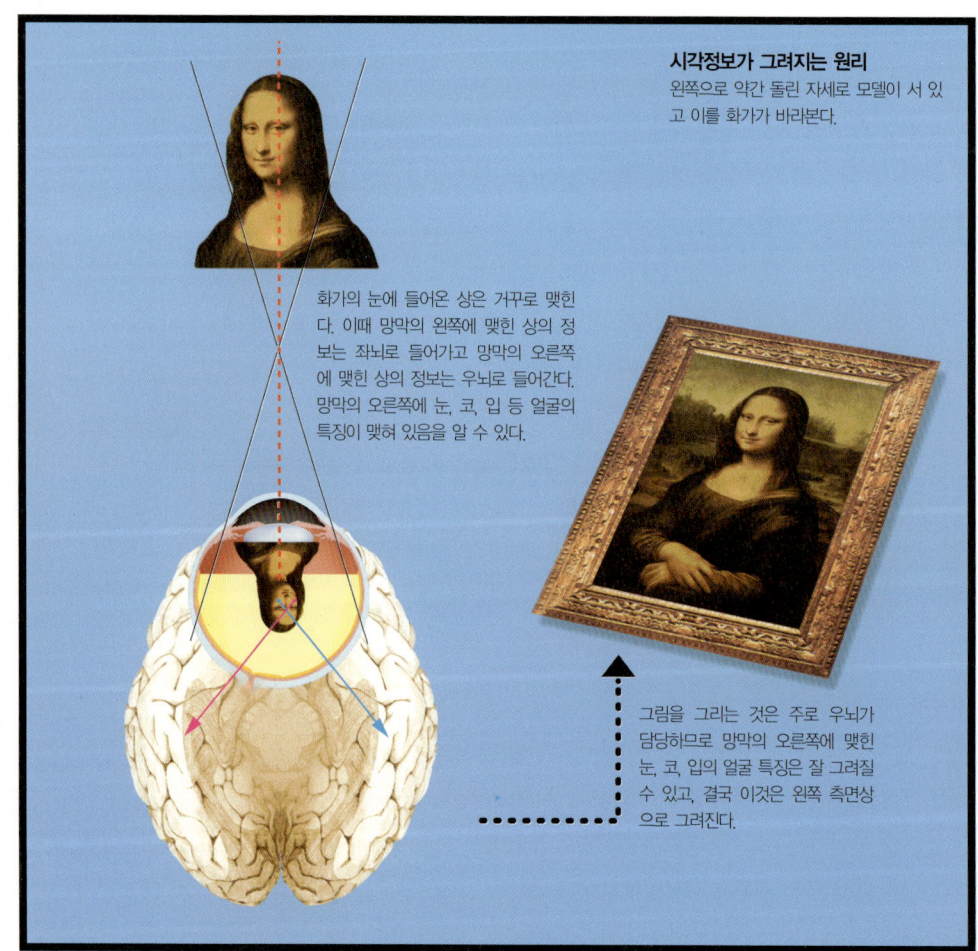

시각정보가 그려지는 원리
왼쪽으로 약간 돌린 자세로 모델이 서 있고 이를 화가가 바라본다.

화가의 눈에 들어온 상은 거꾸로 맺힌다. 이때 망막의 왼쪽에 맺힌 상의 정보는 좌뇌로 들어가고 망막의 오른쪽에 맺힌 상의 정보는 우뇌로 들어간다. 망막의 오른쪽에 눈, 코, 입 등 얼굴의 특징이 맺혀 있음을 알 수 있다.

그림을 그리는 것은 주로 우뇌가 담당하므로 망막의 오른쪽에 맺힌 눈, 코, 입의 얼굴 특징은 잘 그려질 수 있고, 결국 이것은 왼쪽 측면상으로 그려진다.

초상화는 왜 왼쪽 얼굴인가?

우리나라 지폐의 인물상은 물론, 각지의 사당에 그려진 인물상들은 대부분이 왼쪽 어깨를 더 많이 드러낸 왼쪽 측면상이다. 화가들은 무의식중에 오른쪽보다는 왼쪽 측면상을 그린다고 한다. 왜 이런 일이 생길까? 그 이유는 감정이나 인상이 왼쪽 얼굴에 더 잘 나타나기 때문'이다.

인간의 감정표현은 우뇌가 관장한다. 그리고 우뇌는 신체의 좌측을 관장한다. 이 때문에 감정의 변화는 왼쪽 얼굴에 잘 나타난다. 화가나 사진사가 "활짝 웃어요"하면 무의식적으로 왼쪽 얼굴을 상대에게 보이게 되고, 이것이 화가나 사진사에게 포착된다는 것이다. 이 같은 사실은 간지럼 반응으로 쉽게 확인할 수 있다. 피실험자의 목 뒷덜미를 손가락으로 가만히 긁어주면 간지러워 웃음이 나오는데, 이때 먼저 움직이는 것은 십중팔구 왼쪽 얼굴의 근육이라는 것이다.

표정이 왼쪽 얼굴에 잘 나타나고 모델이 자연스럽게 왼쪽 얼굴을 화가에게 보인다는 것은 모델의 입장에서 내놓은 설명이다. 그런데 화가의 입장에서도 왼쪽 중심의 얼굴을 선호하게 되는 이유가 있는데, 그것은 그림을 그리는 뇌가 주로 우뇌이고 화가들이 주로 오른손잡이기 때문이다.

모델이 왼쪽 얼굴을 화가에게 보이면 모델의 눈, 코, 입은 망막의 오른쪽에 상이 맺히고 뒷덜미와 왼쪽 귀는 망막의 왼쪽에 상이 맺힌다. 뇌는 눈에 보이는 모습을 전체로 인식하는 것이 아니라 좌우를 각각 따로 인식해서 뇌 속에서 종합하는 것이다. 때문에 망막의 오른쪽에 맺힌 상은 우뇌로 들어가고 왼쪽에 맺힌 상은 좌뇌로 들어가서 이들이 합쳐져 종합된 상을 형성한다.

그림을 그리는 작업은 우뇌가 주도하는데, 이 때문에 우뇌로 들어온 시야의 왼쪽 상이 잘 그려지는 것이다. 뇌의 작용원리상 사람의 특징을 가장 잘 나타내는 이목구비가 중심축보다 왼쪽에 놓여야 화가가 가장 잘 그릴 수 있다는 것이다. 그 결과 대부분의 초상화들은 왼쪽 얼굴 중심의 측면상이 된다.

❂ 렘브란트가 그린 초상화의 다양한 포즈들. 서양에서는 인체해부학이 도입되고 왼쪽에 대한 터부도 우리나라보다 강하지 않아 인물의 다양한 포즈를 비교적 자유롭게 이뤄질 수 있었다.

뇌, 춤추는 미로

◐ '한국인명초상대관'에 수록된 초상화들. 왼쪽 측면상이 압도적으로 많은 것을 볼 수 있다.

우리나라는 서양보다 오른손 선호

이러한 설명으로 왼쪽 얼굴 초상화가 많은 이유는 알 수 있다 해도, 우리나라 초상화들의 왼쪽 얼굴 편향은 심한 편이다. '한국명인초상대관'(이강칠 편, 탐구당, 1972)에 수록된 1백96점의 우리나라 명인 초상화 중에서 단지 6점만이 오른쪽 측면상이다. 정면상 16점을 제외하면 나머지 174점은 모두 왼쪽 측면상이다. 측면상 중 97%가 왼쪽 측면상이고, 오른쪽 측면상은 6%에 불과한 것이다. 반면, 호주 멜버른 대학의 심리학자 마이클 니콜스는 1천5백 점의 초상화와 수십 장의 얼굴사진을 비교한 결과 여성의 68%, 남성의 56%가 왼쪽 얼굴을 보이고 있다는 사실을 보고했다. 왼쪽 편향 비율이 우리나라에서 압도적으로 높은 것이다.

우리 문화에서 오른쪽은 바른쪽과 통한다. 오른쪽은 옳고 왼쪽은 그른 것처럼 오른쪽에 대한 선호가 대단히 강하다. 물론 서양에서도 왼쪽을 뜻하는 sinister는 불길함과 사악함을 내포하고 있다. 하지만 어렸을 때 왼손으로 숟가락질을 하면 '복 달아난다'고 핀잔하며 기어코 오른쪽을 쓰게 만드는 우리나라에 비

제1부 좌뇌와 우뇌 | **뇌를 연구한 사람들** | 133

해 서양에서는 그다지 심하게 오른쪽을 강요하지 않는다.

인간의 뇌가 지금처럼 커질 수 있었던 것이 손을 사용할 수 있었던 덕분이라는 것을 생각해본다면 우리도 왼손에 좀 더 너그러워질 필요가 있을 것 같다. 인간의 정서와 예술적 감각을 관장하는 우뇌는 왼쪽의 감각기관으로부터 대부분의 정보를 얻으니까 말이다.

아시나요? 양쪽 콧구멍 냄새 감각 서로 달라

최근 미국에서는 냄새를 어느 쪽 콧구멍으로 맡느냐에 따라 결과가 달라진다는 연구결과가 나와 주목을 받고 있다. 오른쪽 콧구멍으로 냄새를 맡으면 유쾌한 느낌이 들고, 왼쪽으로는 냄새를 더 정확히 구분한다는 것이다.

연구팀은 실험 참가 지원자 32명에게 레몬이나 박하 등 일상적인 8가지 냄새를 한 쪽 콧구멍으로 맡도록 한 뒤 냄새를 식별해내고, 냄새의 유쾌한 정도를 구분하도록 요구했다. 그 다음에는 다른 쪽으로 냄새를 맡도록 했다.

결과는 양쪽 콧구멍이 각각 뇌의 해당 반구(半球)에 거의 모든 감각 정보를 전달하는 것으로 나타났다. 하지만 뇌의 오른쪽 반구는 감정처리를 관장하기 때문에 오른쪽 콧구멍으로 냄새를 맡으면 냄새의 유쾌한 정도가 달라지는 것 같은 느낌이 든다는 것이다. 커힐 박사는 "냄새에 대한 정서적 반응은 냄새가 뇌의 어느 쪽 반구에 영향을 미치는 것에 따라 달라진다"고 말했다. 연구팀은 곧 뇌의 이미지 촬영을 통해 뇌의 양쪽 반구가 똑같은 냄새에 어떤 반응을 보이는지도 밝힐 계획이다.

잠들게 하는 기술

마취의 역사

🔸 영국에서는 빅토리아 여왕의 주치의가 대마초를 가리켜 '가장 귀중한 명약 중의 하나'라면서 여왕의 생리통 완화제로 처방했다는 기록이 있다.

Brain

　현대적인 마취제가 개발되기 전까지는 마취를 위해서 환자의 머리를 때려서 실신시키거나 알코올이나 아편을 과량으로 먹이는 방법이 이용됐다. 마취는 인류의 역사와 함께 존재했다고 볼 수 있는데, 여러 신화 등에서 병을 치유하거나 고통을 해결하기 위해, 의식을 잃게 하거나 나뭇잎의 추출물이나 술을 마시게 했다는 기록들이 전해지고 있다. 혹자는 창세기로 거슬러 올라가 구약성서, 즉 하나님이 아담의 갈비뼈로 이브라는 여자를 만들었다는 외과적 행위에서 마취의 기원을 찾기도 한다. 그 후 16세기에 들어서면서 전신마취를 위해 에테르를 이용하면서부터 마

○ 마취제가 개발되기 전에 외과적인 수술은 환자에게 고문이나 다름없었다. 사진은 히에로니무스 보슈의 그림.

취과학은 현재까지 눈부신 발전을 거듭해왔다.

마취란 무엇인가

마취는 영어로 Anesthesia라 한다. 이는 부정을 나타내는 희랍어 an과 감각을 뜻하는 aisthesis가 합쳐진 것으로, 무감각 또는 통증을 느끼지 못한다는 뜻에서 유래됐으며, 1세기경 그리스의 철학자가 '만드라고라'라는 식물의 진통효과를 설명하기 위해 처음 사용하기 시작한 것으로 전한다.

현대의학에서 마취란 무의식, 무통, 혹은 수술에 방해가 되는 신체반응의 제거를 의미하며, 일반적으로 이 세 가지 모두에 해당되는 마취를 전신마취라 하고, 신체의 일부분만을 마취해 의식의 소실은 없는 것을 부위마취 또는 국소마취라 한다. 전신마취와 국소마취를 제외한 특수한 경우에 사용하는 마취를 특수마취라 한다.

○ 한의학에서는 서양의학 같은 내과수술의 전통은 없었지만 종기를 째고 창칼에 베인 상처를 꿰매는 외과수술은 많이 시행됐다.

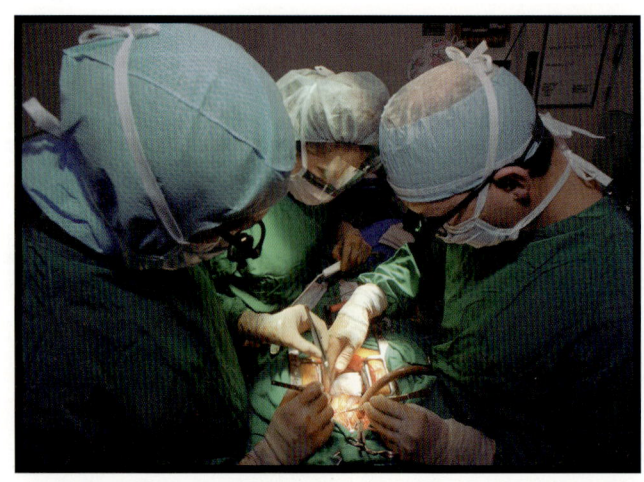

인류역사상 최초의 마취전문의 화타

　기원전 이집트, 그리스 및 로마에서는 질병을 악령의 장난이나 신의 섭리라고 보고 무당이나 주술가를 부르거나 기도로 달랬다. 이는 통증의 치료에 있어서도 예외는 아니었으며 물리적인 방법으로 가벼운 뇌진탕이나 질식 상태를 만들어 수면을 취하게 하거나 상처 부위의 신경과 혈관을 압박하거나 차게 해서 통증을 치료하였던 것으로 전해지고 있다. 또한 연대는 확실치 않으나 오래 전부터 통증을 완화를 위해 술을 마시게 하거나 코코아 나뭇잎의 추출물을 이용하고, 두통을 치료하기 위해 양귀비를 사용했다. 더욱 흥미있는 것은 지금의 맨드레이크(mandrake)로 잘 알려진 만드라고라(mandragora)라는 식물을 이용한 진통효과인데 이는 로마시대에 십자가에 못을 박을 때 아픔을 없애기 위하여 술에 타서 마시게 했다는 기록도 있다.

　역사상 마취술을 사용했던 첫 번째 인물로는 기원전 200년경 중국 삼국시대의 화타(華陀)가 있다. 소설 삼국지에 나오는 명의 화타는 장을 갈라 몸 내부 장기의 병을 고친 것으로 알려져있다. 그때 마취제로 '마비산(麻沸散)'이란 마취약을 만들어 환자에게 복용케 하여 전신마취수술을 했다는 기록으로 유명하고 이것이 인류역사상 마취약의 효시가 된다. 또 지금의 국소마취와 유사한, 붙이는 국소마취약을 사용해 수술하기도 한 것으로 전한다. 관련 기록을 소개하면 다음과 같다. "병이 덩어리가 돼 안에 있는데도 침이나 약이 미치지 못해 마땅히 수술해야만 하는 사람에게 마비산을 마시게 하면 조금 후 바로 취해 죽은 듯이 알지 못한다. 이때 그의 배를 가르는데, 병이 만약 장 속에 있으면 장을 잘라 씻고서 배를 꿰매고 고약을 바른다. 4~5일이 지나면 아프지 않게 된다." 마취제를 사용한 화타의 수술법은 한의학의 역사상 가장 본격적인 수술법이었다고 할 수 있으나, 그런 전통은 화타 이후 철저히 무시됐다.

○ 허준의 초상. 그의 초기 생애에 대한 자료는 거의 남아있지 않다. 초상화 또한 현대의 화가가 상상으로 그린 것이다.

허준과 동의보감 속의 마취

우리의 고유 의술에 의한 외과적 마취에 대해서는, 체계적으로 기술된 바는 없으나 조선조 중엽 (1596년 선조 29년) 의성 허준의 저서인 동의보감에서 이와 비슷한 사실을 찾아볼 수는 있다. 이 문헌에서는 탈골 또는 골절을 교정할 때의 통증을 없애기 위해서 여러 가지 약초를 섞어서 만든 초오산(마약의 일종)을 술에 타서 먹였으며 이렇게 하면 칼로 살을 째거나 탈골된 팔다리를 교정해도 아프지 않다고 기록하고 있다.

현대 마취제의 시작

고통없이 수술을 가능케 하는 마취제의 가능성이 확인된 것은

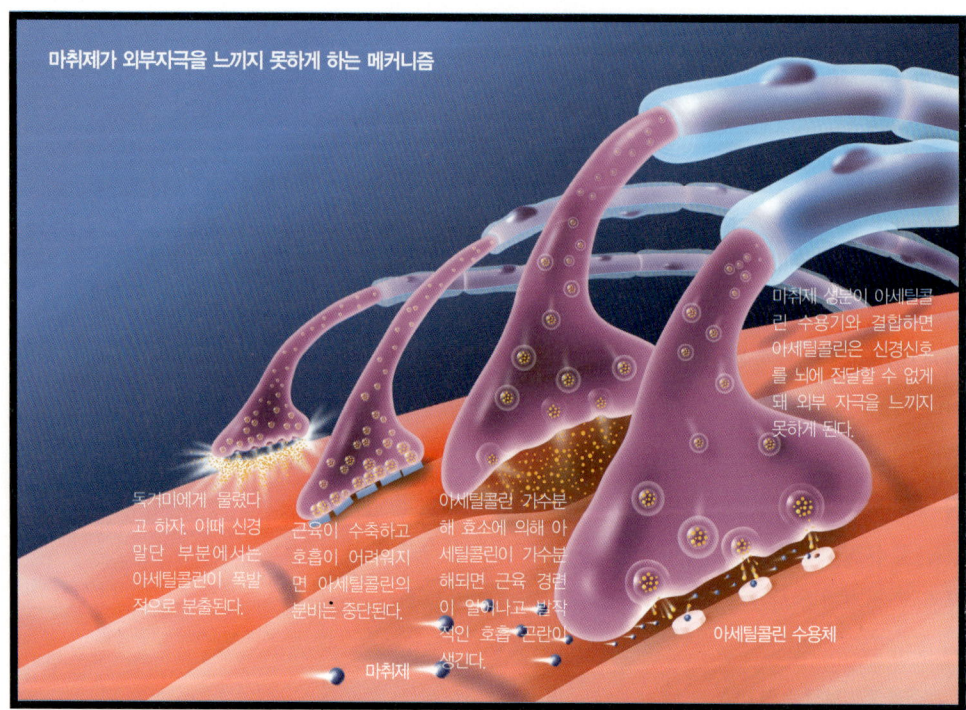

1798년의 일이다. 영국의 험프리 데이비가, 아산화질소를 들이키면 맥박과 체온이 내려가면서 마약에 취한 듯한 기분이 된다는 사실을 발견한 것이다. 물론 통증을 느끼지 않는다는 것도 알아냈다. 그러나 곧바로 수술에 이용된 것은 아니고, 19세기 초까지는 주로 예술가 등의 풍류를 중요시하는 사람들에게 특별한 기분을 선사하는 데 이용됐다고 한다.

본격적인 진통제가 등장한 것은 마취제의 성공 이후 50년이 흐른 뒤였다. 1897년에 독일의 화학자 펠릭스 호프만이 버드나무 껍질에서 추출한 살리실산을 화학적으로 변화시켜 위에 부담을 주지 않고 통증을 가라앉히는 아세틸살리실산 합성에 성공했다. 아버지의 관절통증을 고쳐드리기 위해 효자인 호프만이 발명한 이 아세틸살리실산은 다름 아닌 지금의 아스피린이다.

본격적인 진통제가 개발되기 이전에는 코카나무에서 추출하는 코카인, 담배의 니코틴, 두꺼비의 독 등이 마취제로 사용돼왔고, 한의학에서는 흰독말풀(Datura)과 같은 독초나 양귀비, 그리고 벌집에서 얻은 백랍 등이 통증을 가라앉히는 데 사용됐다.

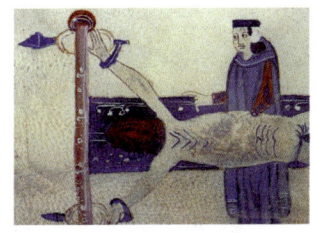

○ 마취제 성분은 아세틸콜린 수용체와 결합해 아세틸콜린이 근육으로 전달되는 것을 막음으로써 자극의 전달 경로를 차단한다. 마취제가 나오기 전까지 외과적 수술은 고통 그 자체였다.

근육을 속이는 마취제

우리의 몸을 움직이는 근육은 뇌에서 전해진 신호에 따라 늘어나거나 줄어든다. 근육은 질긴 실과 같은 모양이며, 근육과 신경은 직접 붙어있지 않고 둘 사이에는 약간의 틈새가 있다. 뇌에서 전해진 신호가 근육에 전달되기 위해서는 그런 틈새를 쉽게 건너 뛸 수 있는 작은 분자가 필요하다. 그것이 바로 아세틸콜린이다. 근육 끝에 단백질이 복잡하게 엉겨서 독특한 모양을 가진 수용기라고 부르는 부분이 있다. 여기에 아세틸콜린이 결합되면 근육이 수축되고, 아세틸콜린이 떨어지면 근육은 늘어난다.

수술 부위를 선택적으로 마취시키는 데 사용하는 'd-투보쿠라린'이라는 마취제는 매우 복잡한 모양을 가진 분자로 아마존 유역에 사는 원주민이 사냥시 독화살 끝에 바르는 독인 쿠라레의 주요 성분이다. 이것을 주사하면 근육의 끝에 있는 아세틸콜린 수용기는 d-투보쿠라린의 일부분을 아세틸콜린이라고 잘못 알고 결합한다. 결합하고 난 후에는 다른 분자임을 알게 되지만 이미 때는 늦는다. 마취제 분자가 아세틸콜린 수용기와 결합돼 있는 동안은 진짜 아세틸콜린이 수용기와 결합하지 못하므로 근육은 뇌에서 전해진 신호, 즉 외부 자극을 느낄 수 없게 된다.

뇌, 춤추는 미로

뇌 수술의 역사

선사시대 때 뇌 수술했다

Brain

수술이란 인체 일부를 절제하는 방법이다. 질병이 발생한 부위를 없애버린다는 점에서 수술은 아주 좋은 치료법이기는 하지만 한번 잘려나간 조직이나 장기는 특별한 경우를 제외하고는 재생되지 않으므로 주의해야 한다.

현대에는 수술이 약과 더불어 가장 대표적인 치료법으로 여겨지고 있지만 수술시 발생하는 통증을 없애기 위한 마취제와 2차 감염 예방을 위한 항생제가 개발되기 전에는 수술의 효과가 아주 낮을 수밖에 없었다. 그런 가운데서도 수술은 선사시대부터 행해지고 있었으며 인체의 가장 중요한 부위라 할 수 있는 뇌의 일부를 절제하는 수술도 이미 오래 전부터 시행되고 있었다.

머리뼈 조각 부적으로 이용

역사 기록을 남겨놓지 않는 선사시대를 연구하기 위해서는 오늘날까지 남아있는 유물을 토대로 증거를 찾아야 한다. 선사시대에 의사라는 직업이 있었는지, 그리고 그들이 어떤 방식으로 환자를 진료하고 치료했는가에 대한 정확한 답은 지금 알 길이 없지만 분명한 것은 그 당시에도 뇌 수술이 행해졌다는 사실이다. 유럽의 퇴적층에서 발견되는 선사시대 두개골 중에는 의문의 구멍이 뚫린 것들이 많이 존재하고 있으며, 페루의 고대 문명지에서도 구멍 뚫린 두개골이 발견됐다. 이 같은 두개골이 처음 발견된 것은 1870년의 일이다. 수술에 익숙치 않았던 당시의 의사들이 얼마나 놀랐을 지를 상상해보라.

인간의 두개골은 무척 단단하므로(그래야만 외부의 충격으로부터 두개골 속에 들어있는 중요한 뇌조직을 보호할 수 있다) 두개골을 절개하기 위해서는 톱과 같은 아주 날카로운 도구와 큰 힘이 필요하다. 그렇다면 선사시대 사람들은 어떤 방법으로, 그리고 무슨 이유로 두개골에 구멍을 뚫었을까.

아마도 그들은 두통이나 간질병 환자의 뇌에 들어있다고 믿었던 악령을 몰아내기 위해 구멍을 냈을 것이다. 뚫려진 구멍은 대부분 둥근 모양을 하고 있으며, 이때 생긴 뼈조각은 부적으로 이용됐다. 그러나 한편으로는 머리에 골절을 일으킬 수 있는 무기가 사용된 지역에서 구멍뚫린 두개골이 흔히 발견되는 것으로 봐 상처입은 두개골의 뼈조각을 제거하고, 두개골압을 조절하기 위해 수술이 행해진 것으로 보여지기도 한다. 이유야 어찌됐건

뇌, 춤추는 미로

● 고대 이집트에서도 뇌 수술이 실시됐다고 한다. 사진은 고대 이집트의 공동묘지.

분명한 것은 두개골에 구멍을 뚫는 수술이 선사시대에 행해졌다는 사실이다. 통증과 2차 감염을 해소한 방법은 확실치 않으나 그 두개골들은 수술받은 사람들이 꽤 오랜 기간 생존할 수 있을 정도로 수술이 성공적이었다는 것을 말해주고 있다.

고대 이집트부터 마이크로 뇌신경외과까지

고대 이집트나 그리스 시대에도 이미 뇌수술이 실시된 흔적이 있다. 그러나 고대의 뇌수술은 경막외(硬膜外) 수술에 그쳤고 정신병자나 간질환자에게 실시된 것으로 보인다. 나폴레옹전쟁(1797~1815) 때 두부전상(頭部戰傷)에 관한 연구가 비약적으로 진전됐으나 근대 뇌신경외과의 역사는 1884년 영국인 R. 고들리(1849~1925)가 J. 리스타의 무균법을 이용해 뇌종양의 적출에 성공한 때부터 시작됐다고 할 수 있다.

그 후 전기메스의 사용, 댄디에 의한 기뇌촬영법(氣腦撮影法)이나 A. E. 모니즈에 의한 뇌혈관의 동맥촬영법이 개발됨으로써 진단이나 수술기술이 급속도로 발달됐고, 마취법이나 수혈 수액의 진보, 뇌부종에 대한 각종 약제의 개발 등으로 뇌 수술의 기술은 더욱 발전됐다. 최근에는 방사선요법이나 화학요법이 함께 사용되며, 종양이나 혈관장애의 수술에 현미경을 사용하는 마이크로 뇌신경외과적 방법도 보급되고 있다.

노벨 생리·의학상 수상한 정치가 모니즈

1949년도 노벨 생리·의학상 수상자인 모니즈(Egas Moniz, 1874~1955)의 업적은 정신병 치료시 전두엽 절제술을 도입한 것이었다. 포르투갈의 의학자이자 정치가였던 모니즈는 자신의 반대당이 정권을 잡게 되자 정계를 떠나 뇌신경과학 연구에 정진했다. 그는 뇌종양, 뇌동맥류와 같은 뇌질환 진단을 위해 혈관조영술이 효과적임을 발표했고 이 방법은 오늘날에도 널리 이용되고 있다.

◐ 1949년에 노벨 생리·의학상을 받은 모니즈.

그는 정신병이 뇌의 전두엽에 존재하는 신경세포 사이의 시냅스 결합에 이상이 생긴 것이라 판단하고 이상부위를 수술로 절제하면 호전될 것이라 생각했다. 모니즈는 자신이 수술한 20여 건의 수술 결과를 묶어 '정신병 치료에 있어서 수술적 치료법'이라는 책을 1936년에 발간했다. 그는 자신의 연구분야를 정신외과(psychosurgery)라 이름붙였고, 이 방법이 보편화되면서 그 업적을 인정받아 1949년 노벨 생리·의학상을 수상했다.

그의 수술법이 정신장애로 고생하는 이들에게 도움을 준 것은 사실이다. 하지만 인체를 지배하고 관할하는 대뇌 일부를 함부로 절제해 대뇌가 가진 고도의 기능을 못하게 하는 일이 과연 올바른 치료법인가에 대한 논란은 지금도 계속되고 있다.

뇌와 관련된 작은 얘기

식인종 포어족

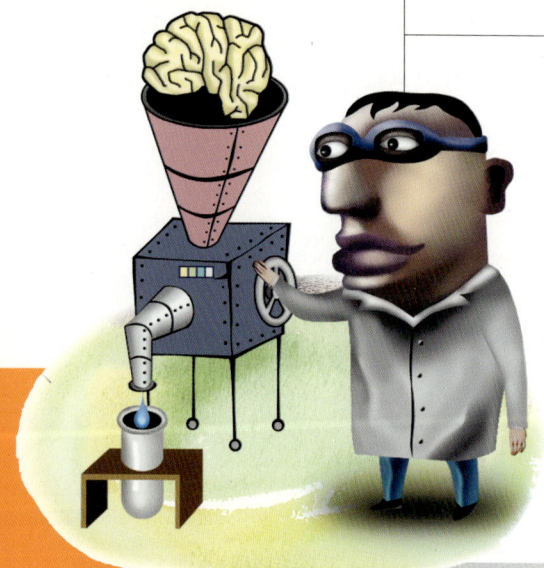

Brain

 보통 식인종이라고 하면 허기를 해결하기 위해 산 사람을 잡아먹는 무시무시한 이미지가 떠오른다. 하지만 굶주린 배를 채우기 위한 목적으로 산 사람을 잡아먹는 종족은 인류 역사 속에서 발견된 적이 없다.

식인 습관을 가진 포어(Fore)족
 우리 머릿속에 심어져있는 식인종은 제국주의 침략자들이 자신의 부도덕함을 감추기 위해 만들어낸 상상 속의 사람들이다. 즉, 원시적 생활을 하는 사람들에게서 식인 풍습이 발견된다 하더라도 그것은 죽은 자에 대한 애도의 뜻이 강하게 표현된, 아주 인간적인 사고에서 나타난 것이다. 특히 파푸아뉴기니아 동부의 산간오지에 사는 포어(Fore)족의 식인풍습은 '식인종'에 대한 세간의 잘못된 생각을 바로잡음과 동시에 놀랄 만한 의학적 발견의 전기를 제공했다.

포어족의 여자와 어린이들에게는 '쿠루'라는 질병이 유행했는데, 이 병을 앓게 되면 언어장애와 보행장애, 근육이 마음대로 움직이지 않는 현상, 치매 등의 증상이 나타난 후 결국 사망에 이르게 된다. 1950년대 지가스(Vincent Zigas)에 의해 쿠루병이 처음 보고되자, 오스트레일리아 정부는 포어족이 섬 밖으로 나오는 것을 금지한 채 연구를 진행했다. 마침 오스트레일리아에 와 있던 미국 의사 가이듀섹은 쿠루병에 관심을 갖고 1957년부터 포어족과 함께 생활하면서 원인을 찾아내고자 노력했다.

식인 습관과 쿠루병

포어족에게는 근친이 사망할 경우 시신의 살코기나 뇌를 먹는 풍습이 있었다. 죽은 사람을 깊이 애도하고, 그의 일부분과 언제나 함께하기 위한 것이다.

가이듀섹은 포어족이 시신을 섭취한 후 점차 시간이 흐르면 소뇌, 뇌간, 대뇌기저핵 등에서 신경세포가 탈락하거나 변성됨을 관찰했으며, 결국 신경계 질환이 나타난다는 사실을 알아냈다. 쿠루병도 일종의 감염성 질환이라는 생각을 하게 된 그는 이를 증명하기 위해 1964년 환자의 뇌를 갈아서 조각난 덩어리들을 제거한 후 얻은 용액을 실험용 침팬지의 뇌에 접종시켰다. 지금처럼 인권이 중요하게 강조되지 않은 그 당시에는 환자의 뇌

🔸 제국주의 침략자들은 자신들의 부도덕함을 감추기 위해 인육을 먹는 '식인종'의 얘기를 만들어냈다. 원시부족들의 식인 풍습은 사실은 죽은 자에 대한 애도의 표시다.

를 갈아서 실험용으로 이용하는 '끔찍한' 일도 용납될 수 있었던 것이다.

실험결과 18~30개월이 지나자 쿠루병에 걸린 사람에게서 나타나는 것과 거의 동일한 질병 증상이 침팬지에서 발생하는 것을 확인할 수 있었다. 그는 쿠루병이 아주 긴 잠복기를 거쳐 바이러스에 의해 발생한다고 생각했고 그의 연구는 쿠루병 외에 다른 중추신경계 질환도 지발성 바이러스(감염된 후 아주 느리게 질병을 일으키는 바이러스)가 원인일 수 있다는 생각을 갖게 함으로써 신경계 질환 연구에 커다란 전기를 마련했다.

또한 가이듀섹은 시신을 먹지 않는 성인 남자들에게서는 쿠루가 발생하지 않는다는 것을 관찰함으로써 식인 습관과 쿠루병과의 관련성을 알아낼 수 있었다. 실제로 1959년부터 식인을 금지한 결과 쿠루병을 앓는 환자가 거의 사라졌다. 드물게 환자 발생이 보고됐지만 1959년 이전에 감염된 사람이 뒤늦게 발병한 것으로 생각된다.

어느 쪽 눈이 우세한가?

탐구마당
사이언스 어드벤처

이렇게 해보자

1. 4~5m 정도 거리에 있는 물체를 바라보면서 손가락으로 그 물체를 가리킨다.
2. 다른 손으로 한 눈을 가리고 물체를 바라보면서 손가락이 가리키는 것과 얼마나 일치하는지를 관찰한다.
3. 이번에는 다른 눈을 가리고 물체를 바라보면서 똑같은 방법으로 손가락이 가리키는 것과 얼마나 일치하는지를 관찰한다.

왜 그럴까?

이 실험을 해보면 대부분의 사람들은 손가락이 가리키는 것이 두 눈 중 한 눈하고만 일치하고, 다른 쪽 눈과는 일치하지 않는다는 것을 발견할 수 있다. 즉 물체를 바라볼 때 두 눈으로 초점을 맞추는 것이 아니라 한 눈으로만 초점을 맞추고 있는 것이다.

이것은 뇌가 한쪽 눈의 정보를 완전히 무시하고 있다는 사실을 의미하는 것으로서, 뇌가 정보를 받아들이는 눈(손가락이 가리키는 것과 일치하는 눈)이 우세한 눈이 된다. 그러나 우세한 눈이 왼쪽 눈이라고 해서 왼손잡이와 특정한 관련이 있는 것은 아니다.

서바이벌 퀴즈

- 술에 취해 필름이 끊긴 사람이 집은 어떻게 찾아갈 수 있을까?
- 환각제가 뇌장벽을 쉽게 통과할 수 있는 까닭은 무엇일까?
- 뇌의 발달과정상 어떤 문제가 트랜스젠더의 원인으로 작용할까?
- 간혹 식물인간의 의식이 회복되는 경우와는 달리 뇌사자는 거의 회복이 불가능하다. 그 이유는 무엇일까?

5 현대 사회와 뇌

문화

알코올이나 환각제가 뇌에서 어떻게 작용하는지 알아보고 의학기술의 발달로 인해 새로운 죽음의 형태인 뇌사에 대해 알아본다. 또 제3의 성으로 불리는 트랜스젠더의 뇌에서 일어난 일에 대해서도 살펴보자.

1 술과 뇌
술이 뇌에 미치는 영향

2 약물중독
뇌를 망가뜨리는 약

3 제3의 성
몸은 남성, 마음은 여성

4 뇌사
무엇이 진정한 죽음인가?

술과 뇌

술이 뇌에 미치는 영향

Brain

흔히들 마음 속을 터놓게 하는 데 술보다 좋은 묘약이 없다고 한다. 아마도 술이 자신의 좀 더 솔직하고 대담한 모습을 나타내게 하기 때문일 것이다. 그리고 그 솔직하고 대담한 모습은 여러 가지 양상으로 나타난다. 얼굴이 빨개지는 사람, 큰 소리를 지르는 사람, 이유없이 싸움을 거는 사람, 우는 사람, 멀쩡한 정신으로는 엄두도 못 낼 일을 하는 사람 등, 술에 의한 반응은 가지각색이다.

도대체 우리 몸 속에 들어간 술은 어떠한 반응을 일으키기에 사람을 이렇게 변하게 하는 것일까?

취한다는 것은

몸 안으로 들어온 알코올은 위와 소장에서 흡수된 뒤 혈액을 타고 간에 도착해 '최종 처리' 과정을 거치게 된다. 알코올은 간에서 알코올 탈수소효소에 의해 알데히드라는 물질로 변화되고, 알데히드는 다시 알데히드 탈수소효소에 의해 아세테이트를 거쳐 물과 이산화탄소로 완전히 분해된다.

그런데 인종이나 사람에 따라 알데히드 탈수소효소가 체질적으로 결핍돼있는 경우가 있다. 예를 들어 유럽사람보다는 한국인, 중국인, 일본인 등이 이 효소를 적게 갖고 있다. 이 효소가 적으면 술을 조금만 먹어도 알데히드가 몸에 축적된다. 이럴 때 나타나는 현상이 얼굴이 붉어지는 것이다. 즉, 술을 조금만 먹어도 얼굴이 붉어지는 사람은 바로 이 알데히드 탈수소효소가 체질적으로 적기 때문이다. 또 알데히드는 구역, 구토, 두통 등을 유발한다.

○ 술을 많이 마시면 평소에도 기억을 잃어버리게 된다.

한편 과음으로 '처리 용량'을 초과한 알코올은 온몸의 핏줄을 타고 돌면서 뇌나 심장 등 다른 장기를 공격하게 된다. 뇌에는 이물질의 침입을 막는 방어체계가 있지만 지용성 물질인 알코올 앞에선 무용지물이다. 알코올은 뇌세포를 직접 파괴하지 않고 뇌의 신경세포의 막을 서서히 녹이면서 신경세포 간의 신호전달 과정을 교란시킨다. 이로 인해 신경세포 간의 '정보교환'이 제대로 이뤄지지 않게 되는데, 이것이 바로 '취한 상태'다.

뇌는 부위마다 독특한 기능이 있고 서로 연관 작용을 하는데 알코올은 신경억제제로 작용해서 뇌의 기능을 억제한다. 이때 어느 부위가 주로 영향을 받는가에 따라 '필름'이 끊기기도, 공격적이 되기도, 말이 많아지기도 한다. 사람마다 뇌의 취약한 곳

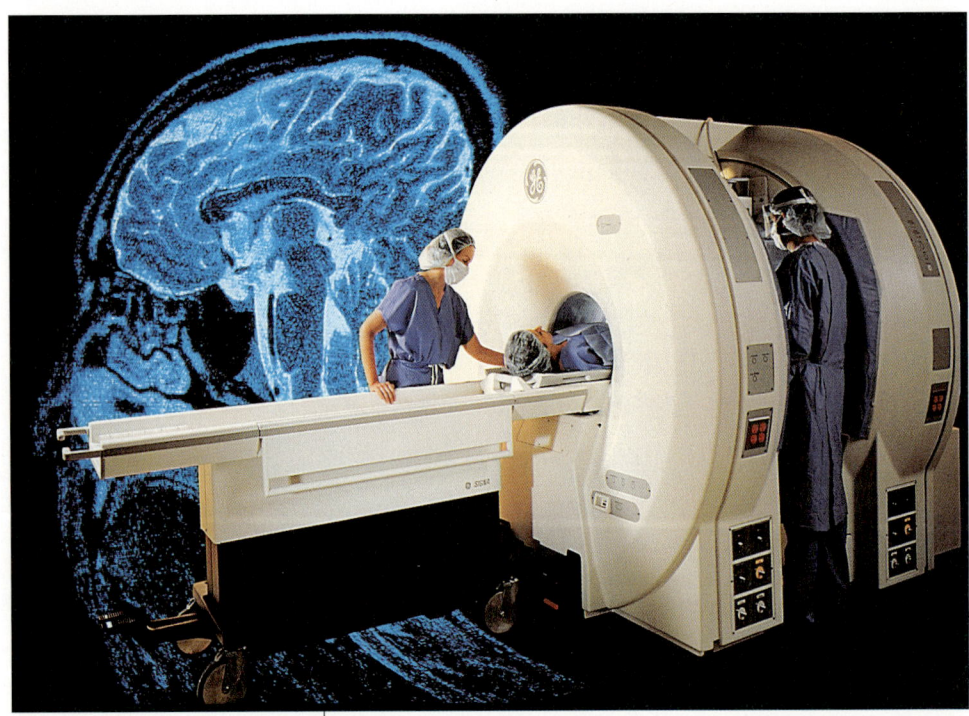

◐ 자기공명장치로 뇌를 촬영하면 이상 부위가 금방 드러난다.

이 다르기 때문에 사람마다 주사도 다르게 나타난다.

술 취하면 왜 필름이 끊기나

술 마시고 필름이 끊긴다는 것은 대뇌 옆부분 측두엽의 해마에서 기억을 입력, 저장, 출력하는 과정 가운데 입력 과정에서 문제가 생긴 것이다. 즉, 몸에 흡수된 알코올이 해마를 일시적으로 마비시켜 단기적인 기억상실을 일으킨다. 알코올의 독소가 직접 뇌세포를 파괴한 것은 아니지만 신경세포와 신경세포 사이의 신호전달 메커니즘에 이상이 생긴 것이다.

알코올 중독자의 뇌를 자기공명장치(MRI)로 촬영해 정상인의 뇌와 비교한 결과를 살펴보면 이 사실이 더 명확해진다. 알코올 중독자의 뇌는 측두엽 부위를 비롯해 전반적으로 크게 오므라들어 있다. 이런 상태에서 기억기능이 제대로 발휘될 수 없다.

필름이 끊길 때 뇌의 다른 부분에 문제가 없다면 다른 사람은 전혀 눈치채지 못한다. 이때엔 뇌가 저장된 정보를 꺼내고 사용하는 데엔 이상이 없기 때문에 집에도 무사히 갈 수 있다. 그러나 뇌에 기억이 아예 입력되지 않았으므로 아무리 신통한 최면 요법사가 최면을 걸어도 '그때'를 기억할 수 없다.

중추신경은 15~16세 때 고도로 발달하는데 청소년기의 술은 뇌 발달을 방해하고, 담배나 약물에 중독될 가능성도 높힌다. 또한 술을 일찍부터 마신 경우 어른이 돼서 발기부전과 불임 등이 될 위험도 커진다.

술의 세기는 신경 전달 물질의 차이

같은 양의 술을 마시고도 왜 누구는 금방 취하고 누구는 취하지 않는 걸까? 혹은 왜 누구는 술을 즐기고 누구는 싫어하는 걸까? 이는 뇌에 존재하는 신경 전달 물질의 일종인 뉴로펩티드 Y(NPY)의 농도 차이 때문이다. 워싱턴 대학의 연구자들은 쥐를 이용해 실험한 결과 뇌에 존재하는 신경 전달 물질의 농도 차이가 알코올 소비량과 분해능력에 직접적으로 영향을 준다는 사실을 발견했다.

연구자들은 유전공학적인 조작을 통해 한 집단의 쥐에는 자연적으로 존재하는 뉴로펩티드 Y를 생산하지 못하도록 했고, 또다른 집단의 쥐에는 정상보다 많은 양의 뉴로펩티드 Y를 생산하도록 했다. 그리고 이들에게 맥주에서 소주의 알코올 농도에 해당

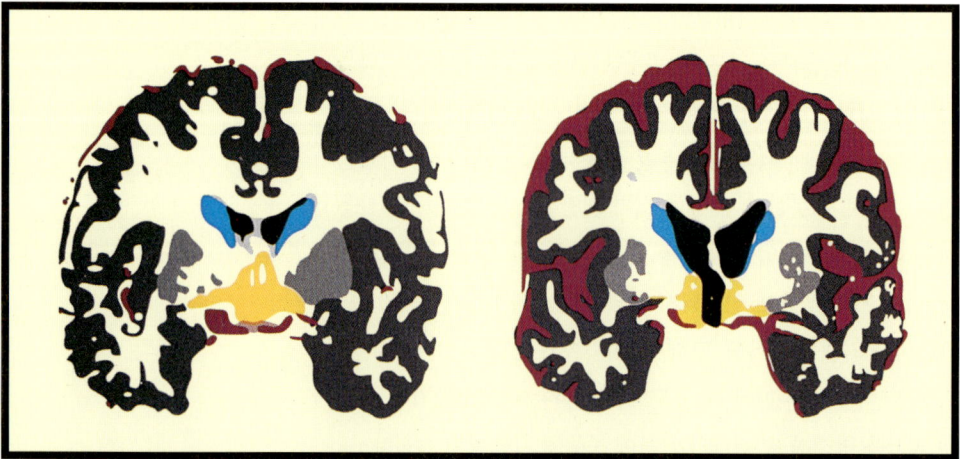

◐ 자기공명장치로 본 뇌의 영상. 알코올 중독 환자(오른쪽)의 경우 정상인(왼쪽)에 비해 뇌 표면의 뇌척수액(빨간색) 양과 뇌실(검은색)의 크기가 증가한 반면, 해마가 있는 측두엽 부위(푸른색)와 간뇌(노란색)가 크게 줄어들었다.

하는 에탄올 용액을 제공한 뒤 알코올 소비량을 모니터한 결과, 유전적으로 NPY를 생산하지 못하도록 변형시킨 쥐가 알코올을 많이 소비한다는 사실을 발견했다. 반면 높은 농도의 NPY를 생산하도록 조작된 쥐는 적은 양의 알코올을 소비했다.

또 알코올로 인한 진정작용에서도 차이가 있었다. NPY를 가지고 있지 않은 쥐는 보통의 쥐보다 많은 양의 술을 마시고도 잠에서 일찍 깨어났다. 그러나 NPY가 많은 쥐는 반대의 결과를 보였다. 이들은 술을 매우 적게 마셨음에도 불구하고 보통의 쥐보다 더 늦게 깨어났다. 이는 NPY가 많을수록 술을 분해하는 능력이 저하된다는 얘기다.

알코올중독은 왜 생기나

알코올 중독의 정확한 과정은 아직 밝혀지지 않은 상태지만 현재로선 장기간 알코올에 노출된 뇌의 변화가 주원인이라는 주장이 가장 설득력을 얻고 있다.

알코올과 니코틴 등 중독성 물질은 뇌로 하여금 신경 전달 물질의 하나인 '도파민'의 분비를 촉진시킨다. '천연 마약'으로도 불리는 도파민은 각종 스트레스를 해소하고 '쾌감'을 느끼게 한다. 그러나 장기간 알코올을 남용할 경우 뇌에서 갈수록 지속적이고 강력한 '쾌감'을 요구하는 화학적 변화가 일어난다고 한다. 그리고 이로 인해 뇌의 '주인'의 의지와 상관없이 알코올에 대한 무한 욕구를 만들어내 술을 더욱 마시게 한다는 것이다.

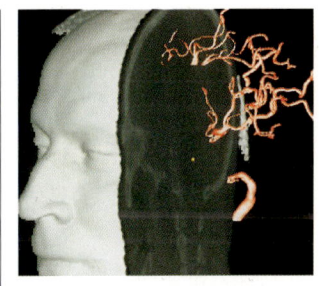

○ 필름 끊기는 횟수가 증가할수록 뇌신경은 많이 손상된다.

이 밖에 알코올의 분해 과정에서 생기는 아세트 알데히드가 신경 전달 물질과 반응을 일으켜 생기는 물질이 아편계통의 약물과 비슷한 작용을 일으킨다는 가설도 제시되고 있다.

또한 과음한 경험이 많을수록 건망증이 심해진다. 이때 걸리는 건망증은 급성(Wernicke 병)과 만성(Korsakoff 병)으로 구분되는데, 두 가지 모두 어떤 시점 이후의 일뿐 아니라 이전에 있었던 일도 기억하지 못하는 증상이 나타난다. 그래서 병원에 입원한 환자가 자신의 병실에서 매점까지 가는 길을 기억하는 데 몇 주가 걸리기도 한다.

이 건망증이 발생하는 이유는 필수비타민인 티아민(thiamine)이 결핍됐기 때문이다. 티아민은 뇌세포의 각종 대사 과정에 관여하며, 몸에서 직접 만들어지지 않기 때문에 음식을 통해 체내에 섭취돼야 한다. 그러나 알코올 중독자는 보통 며칠 동안 음식을 안 먹고 술로 세월을 보내기 일쑤다. 게다가 알코올은 소화기관에서 비타민이 흡수되는 과정을 방해한다. 그 결과 티아민이 부족해져 뇌의 기억 기능이 심하게 손상될 수밖에 없게 된다.

뇌, 춤추는 미로

약물중독

뇌를 망가뜨리는 약

○ 불필요하게 다량의 약을 복용하면 머리에 커다란 충격이 올 수도 있다.

Brain

기계문명이 고도로 발달한 현대 산업사회에서 인간관계는 더욱 메마르게 되고 인간성의 상실이 뚜렷해지면서 인간의 비인간화가 촉진되고 있다. 이에 따라 사람들은 오랫동안의 노력과 땀을 통해서 즐거움을 얻기보다는 쉽게 얻을 수 있는 찰나적인 쾌락에 더욱 탐닉하게 되는 것 같다. 최근 큰 문제가 되고 있는 약물남용, 특히 정신적, 육체적으로 비정상적인 쾌락을 일으키는 환각제의 남용이 이런 경향을 잘 보여주고 있다.

뇌 장벽 넘어가는 환각제

뇌는 인간의 고귀한 정신과 마음이 있는 곳이며 사람을 사람답게 유지해주는 곳이다. 따라서 외부에서 몸에 들어온 해로운 물질이나 약물이 쉽게 뇌신경세포 속으로 들어가서 나쁜 영향을 준다면 심각한 일이 아닐 수 없다. 다행히 우리 뇌에는 몸에 들어온 물질이 쉽게 뇌에 들어오지 못하도록 막아주는 장벽이 있다. 다른 어느 부위에도 이런 장벽이 있는 곳은 없다. 이러한 장벽이 뇌 속에 없었다면 오늘날과 같은 높은 지능과 찬란한 문화를 가진 인류가 이 지구상에 존재할 수 없었을 것이다.

뇌에 있는 이같은 장벽을 우리는 '혈관 뇌장벽' 이라고 한다. 이것은 혈관과 신경세포 사이에 있는 2중 장벽으로서, 간격 없이 치밀하게 붙어있는 혈관내피세포가 바깥장벽을, 신경교세포가 견고한 안쪽장벽을 구성하고 있다. 작은 단백질은 근육의 모세혈관을 쉽게 통과한다. 그러나 뇌에는 모세혈관 내피세포가 간격없이 계속 연결돼있기 때문에(구멍이 없다) 쉽게 통과할 수 없다. 또 하나 특이한 사실은 대뇌피질의 모세혈관 상피세포에는 탐식소포체(외부 물질을 잡아먹어 저장하는 곳)가 없다는 것이다. 이 탐식소포체는 외부물질이 혈관벽을 넘어서 운반되는 데 필요한 구조다.

뇌에는 신경교세포가 있는데, 이 신경교세포 중에서 성상교세포(별처럼 생긴 신경교세포)가 신경세포를 막처럼 둘러싸서 보호장벽을 만들고 있는 것이다. 이러한 보호장벽은 뇌 전체로 볼 때 약 90%의 부위에 존재한다. 이런 뇌혈관장벽은 신경교세포의 세포막으로 주로 이뤄져있기 때문에 세포막을 잘 통과하는 지질용해도가 높은 물질은 만리장성을 쉽게 뛰어넘을 수 있다.

○ 모르핀은 우수한 진통제이나 중독성이 있기 때문에 제한적으로만 쓰인다.

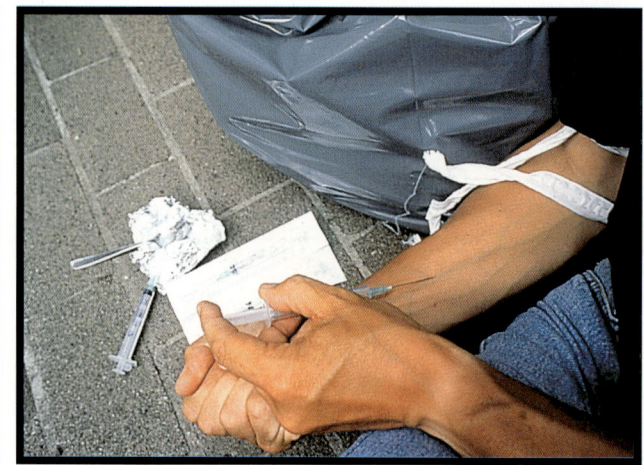

즉, 마취제, 알코올, 마약과 본드를 포함한 각종 환각제 등은 지질용해도가 높기 때문에 세포막으로 이뤄진 장벽을 쉽게 통과해 여러 가지 효과를 나타내는 것이다.

환각제는 어떻게 작용하는가

환각제는 환청, 환영 등 환각현상을 일으키는 물질로, 이 중 각성효과를 가지고 있는 환각제는 정신을 번쩍 나게 하고 감각이 예민해지도록 하는 약리작용이 있는데, 필로폰 및 코카인이 이에 속한다.

이 물질들을 복용하거나 흡입하면 심한 스트레스도 말끔히 사라지고 가만히 있어도 몸이 춤추는 것 같은, 평소 느끼지 못하던 쾌감을 주기 때문에 한 번 맛본 사람들은 여기에 쉽게 빠져들게 된다. 또 이들 환각제를 복용하면 통증이 없어지고 휘황찬란한 세계가 보이거나 아름다운 선율이 들리는 등 환영과 환청현상이 나타나고 높은 건물에서 아래를 내려다볼 때 사뿐히 날아서 뛰어내리고 싶은 욕구도 느끼게 된다.

환각제는 뇌에서 신경흥분을 전달해주는 신경 전달 물질의 구조를 그대로 닮고 있다. 즉 환각제는 세로토닌과 도파민 신경 전달 물질계의 이상 자극을 통해서 환각과 여러 가지 정신병 작용을 나타낸다. 유명한 LSD와 마리화나(대마초), 티로신 환각제는 세로토닌 신경계를 통해서, 필로폰과 코카인 환각제는 도파민 신경계를 통해서 환각작용을 나타낸다.

필로폰이 각성작용을 하는 이유는 체내에서 고도의 정신작용을 하는 신경 전달 물질이 도파민과 비슷한 구조를 갖고 있기 때문이다. 필로폰을 복용하게 되면, 뇌는 정신기능을 담당하고 있는 도파민을 과도하게 유리시켜 도파민 신경계를 자극시킬 뿐만 아니라, 이 물질을 체내에서 자극을 받아 생성된 신경 전달 물질로 오인해 정보를 수용한다. 그러나 도파민 신경계가 과도하게 자극되면 제어되지 않는 비합리적인 사고와 행동이 나타나서 정신분열병이 생기게 된다.

마리화나라는 이름으로 더 잘 알려진 대마초는 수천 년 동안 환각제 또는 치료제로 널리 이용돼왔다. 대마초를 피우면 의식이 몽롱해지면서 시각과 청각 등의 감각이 환각상태에 들어가 갖가지 기묘한 분위기를 경험하게 된다. 대마초의 많은 성분 중에서 테트라하이드로칸나비놀(THC)이 환각을 일으키는 주범으로 알려지고 있다.

최근의 연구결과 놀랍게도 인간의 뇌에는 대마초의 주성분인 테트라하이드로칸나비놀이 결합하는 부위(수용체)가 있음이 밝혀지고 있다. 말하자면 우리 뇌에 대마초와 비슷한 환각물질이 존재하고 있다는 얘기다. 가끔 우리는 실제로 존재하고 있지 않

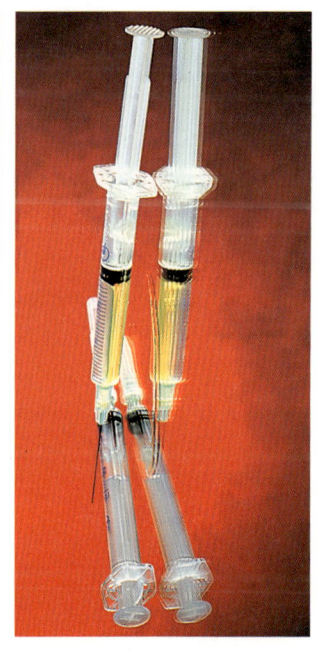

❂ 모르핀은 항정신성의약품으로 분류돼 있기 때문에 개인적인 목적으로는 사용할 수 없다.

🔸 혈관 뇌장벽

본드나 부탄가스는 다른 물질을 녹이는 유기용매이므로 아예 뇌를 망가뜨려 중추신경을 파괴한다. 그래서 단 1회의 흡입으로도 뇌가 망가지거나 생명을 잃을 수 있다.

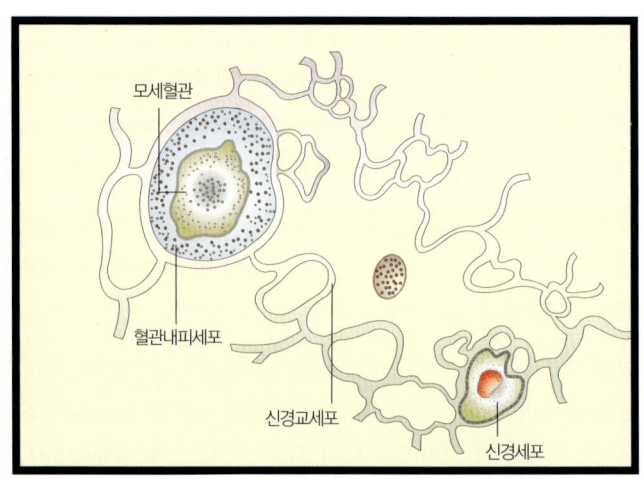

는 이상한 세계, 아름다운 세계를 눈에 그릴 때가 있다. 이때 인간은 고난의 현실세계를 벗어나 평소에 경험해보지 않았던 이상감각, 이상세계, 휘황찬란한 세계를 꿈꾸며 무한정의 창조적 생각에 빠질 수도 있다. 이와 같은 환각이 뇌에 존재하고 있는 대마초와 비슷한 신경계에 의해서 이뤄질 수 있다.

본드와 부탄가스는 한 번만 마셔도 뇌 망가뜨려

청소년들이 값싸게 사서 흡입하는 본드나 부탄가스도 필로폰, 코카인, 대마초와 같은 환각제 못지않게 해악이 심하다. 본드와 부탄가스도 환각현상을 일으킨다는 점에서 대마초와 유사하지만 그 독성이 치명적이어서 뇌조직을 파괴하고, 정신을 황폐화시킨다. 본드와 부탄가스 등은 다른 물질을 녹이는 유기용매로 작용하기 때문에 필로폰이나 대마초 같은 일반 환각제와 달리 뇌혈관장벽을 쉽게 통과한다. 이 때문에 뇌를 망가뜨려 중추신경을 파괴하는 것은 물론 독성감염, 골수파괴로 인한 재생 불량성 빈혈, 청각 및 시각장애, 납중독 등 신체의 모든 장기에 손상을 가져오게 된다. 특히 본드나 부탄가스 등 유기용매는 단 1회의 흡입으로도 뇌가 망가지거나 생명을 잃을 수 있는 물질이므로, 환각제라기보다는 독약으로 생각하는 것이 좋다.

약물이 가져오는 해독

필로폰 등 환각제나 본드, 부탄가스 등을 장기 흡입하면 중독증이 나타나는데, 약효가 없어지면 몸이 처지고 피해망상이나 과잉공격 등에 사로잡히는 등의 금단현상도 생길 수 있다. 중독증이 심화돼 망상형 정신분열증이나 반사회적이고 비윤리적이고 포악한 동물 같은 행동이 나타나면 거의 완치가 불가능한 폐인으로 전락한다.

그러나 이런 외형적인 피해보다도 건전한 정신으로 상황을 판단할 수 있는 능력이나 사회나 가정 속에서의 자신의 위치를 판단할 수 있는 능력, 집중력과 새로운 세계로의 도전 욕구 등을 상실케 하는 것이 환각제가 청소년에게 미치는 가장 큰 해독일 것이다.

환각제 근절의 근본적 처방은 사회문제의 해결에 있다. 건설적인 올바른 가치관이 사회 전체에 확립돼야지, 부동산 투기로 졸부가 되는 등 가치 있고 건전한 노력 없이 쉽게 보답을 얻게 되는 사회에서는 환각제 복용이 성행할 가능성이 크다. 단기적 대책인 마약단속도 필요하지만, 학교나 사회단체에서 약물교육을 구체적으로 실시해 환각제가 주는 정신적, 신체적인 폐해를 구체적으로 이해시키는 것이 훨씬 더 중요하다.

162 뇌, 춤추는 미로

제3의 성
몸은 남성, 마음은 여성

Brain

↑ 남성에서 여성으로 성전환한 하리수는 각종 매체를 통해 트랜스젠더의 존재를 널리 알렸다.

남성으로 태어나 여성으로 탈바꿈한 사람. 현대 사회의 제3의 성으로 불리는 트랜스젠더. 이들은 특이한 가족환경이나 성장배경으로 인해 제3의 성으로 태어나는것으로 생각됐지만, 최근에는 선천적 요인이 더 설득력있는 설명으로 제시되고 있다. 남성 또는 여성의 획일적 성구분을 거부하고 우리시대 제3의 성으로 떠오른 트랜스젠더에 대해 알아보자.

트랜스젠더란?
트랜스젠더(transgender)라는 용어는 1970년대 중반 '버지니아 프린스'라는 미국의 한 여장남자가 자신을 표현하기 위해 처음 사용했다. 하지만 본격적인 의미로 사용되기 시작한 것은 1981년 '성의 사회'라는 책에서 크로스드레서(cross-dresser), 간성(intersexual)과 함께 트랜스젠더라는 용어가 등장하면서부터다.

성의학에서는 트랜스젠더를 성적 주체성 장애로 인해 사춘기 이후에도 자신의 선천적 성에 대해 지속적으로 불편함과 부적절감을 느끼며 자신의 1차 및 2차 성징을 제거하고 상대 성징을 획득하려는 집착에 사로잡혀있는 사람이라고 정의한다. 풀어 설명하면 남성이나 여성의 신체를 지니고 태어났지만 자신을 반대 성의 사람이라고 여기는 사람이라는 뜻이다. 이들은 성전환수술을 통해 자신의 성을 바꾸기도 하지만 트랜스젠더라고 해서 모두 성전환수술을 받진 않는다. 성호르몬 요법으로 반대 성의 육체적 특징을 지니면서 성기는 태어날 때 모습 그대로 간직한 채 살아가는 트랜스젠더도 많이 있다. 아무튼 이런 성향을 지닌 사람을 통틀어 보통 트랜스젠더라고 부른다.

트랜스젠더와 동성애자의 차이

트랜스젠더는 대부분 신체적 이성(정신적 동성)에게 친구 같은 편안함을 느끼며, 신체적 동성(정신적 이성)에게서 이성에게 이끌리는 사랑을 느낀다. 따라서 이들은 한번도 신체적 이성을 사랑해본 적이 없다는 점에서는 동성애자와 공통점을 가진 듯이 보인다. 하지만 이들은 전혀 다르다. 트랜스젠더의 경우 이성과의 성교가 불가능하다. 트랜스젠더는 자신의 생식기에 심한 혐오감이나 거부감을 갖고 있기 때문이다. 하지만 동성애자는 그

○ 동성애자는 보통 호모라고 불리는데, 이 용어는 19세기 후반 헝가리 의사가 고안해 낸 말이다.

렇지 않다. 동성애자는 실제로 이성과 성행위를 할 수도 있고, 또한 자신이 반대 성이라고 생각하지 않는다. 단지 이성보다는 동성을 선호하는 것뿐이고 그래서 이성과의 성교를 거부하는 것이다. 이 점이 트랜스젠더가 동성애자와 구분되는 점이다.

여자처럼 행동한다고 트랜스젠더 아니다

우리는 주위에서 종종 어쩜 그렇게 고울까 싶을 정도로 '여성적인' 행동과 말투를 쓰는 남성을 볼 수 있다. 그러나 그를 트랜스젠더라고 할 수는 없다. '여성적'인 것과 '여성'이라는 말 사이에는 큰 차이가 있다. 대부분의 트랜스젠더는 실제로 여성적이지 못하다. 단지 좀 얌전하고 조용할 뿐이지 심하게 몸을 비틀거나 목소리를 간드러지게 내거나 하지는 않는다. 단지 자연스럽게 문득문득 여성스러움이 보여질 뿐이고 오히려 그것을 숨기려 애쓰는 경우가 더 많다. 몸짓과 말투만이 여성스러운 사람은 실제로 이성과 결혼생활을 하는 데 별 무리가 없지만 트랜스젠

○ 1994년 6월 26일 뉴욕에서는 스토웹 폭동 25주년을 기념해 '게이퍼레이드'가 열렸다. 이 퍼레이드에는 게이뿐 아니라 트랜스젠더 등 다양한 성적 소수자들도 참가했다.

더에게는 있을 수 없는 일이다.

 종종 환경적 영향, 즉 누나가 많다거나 아기 때부터 아들이 아닌 딸이기를 원해 여자로 행세하며 살아왔고 자연스럽게 여성스러움이 몸에 밴 사람이 있다. 하지만 이들을 트랜스젠더라고 단정짓기는 힘들다. 행동이 여성스러울 뿐이지 그들의 정신적 성이 여자인지 남자인지 확실하지 않기 때문이다. 또한 '여자이고 싶다'라는 생각 하나만으로 트랜스젠더라고 하기는 힘들다. 사람이 '여자이고 싶다' 또는 '남자이고 싶다'라는 생각을 갖는 것은 어쩌면 당연한 일일지도 모른다. 하나의 성으로 살면서 또다른 성이 느끼는 사회적 편리를 자연스럽게 느끼게 되고 그러면서 상대 성이 돼 저러한 편리를 누려보고 싶다는 생각은 들 수 있다. 하지만 그것만으로 트랜스젠더라고 할 수는 없다.

유전인가 환경인가

 트랜스젠더는 왜 발생하는 것일까. 트랜스젠더의 원인은 크게

선천성과 후천성으로 나눌 수 있다. 여기서 후천성 요인이란 유아기의 가족환경 또는 심리적 면을 말하는데, 트랜스젠더의 원인을 연구하던 초기의 많은 학자는 후천적 요소가 주요한 원인이라고 생각했다.

딸만 있는 가정에서 아들을 기다리다 또 딸을 낳고 실망해 딸을 아들처럼 키운 경우, 이 아이가 자라서 남성이 되려는 강한 집념을 보일 수 있다. 반대로 아들만 있는 가정에서 아들을 딸처럼 키운 경우에도 트랜스젠더의 유발동기가 될 수 있다.

아들에게 과도하게 집착하는 어머니도 트랜스젠더의 원인이 될 수 있다. 어머니가 아들을 과잉보호하며 지나친 신체접촉을 할 경우, 그 아이는 엄마의 성을 과도하게 인식한다. 또한 강한 남성 모델인 아버지의 부재가 정상적 성정체성 발달에 부정적인 영향을 미칠 수도 있다. 만약 아버지가 어머니에 의해서 무력하거나 나약한 모습으로 비춰지게 되면 남자아이는 더 이상 자신을 남성으로 인식하기를 거부한다. 반대로 여자아이는 아버지의 부재에 대한 보상으로, 엄마를 감싸고 보살펴야 하는 '보호자'로서 자신을 인식하게 된다.

하지만 후천적 요인으로 트랜스젠더가 어떻게 발생하는가를 모두 설명할 수는 없다. 비록 몇몇 트랜스젠더가 평범하지 않은 가정에서 자라온 것이 사실이지만, 많은 나머지 트랜스젠더의 경우는 그렇지 않다. 성장 배경을 살펴보면, 끔찍한 학대의 기억을 가지고 있는 경우부터 깊은 가족의 사랑과 보살핌 속에 지내온 경우까지 너무나 다양하기 때문이다.

뇌의 불완전한 발달이 문제

후천적 요소도 중요하지만 최근에는 선천적 원인을 제시하는 주장이 더 설득력있고 결정적인 듯하다. 트랜스젠더의 선천적 요인은 크게 유전적 문제와 내분비적 문제로 나눌 수 있다. 여기서 유전적 문제란 성염색체에 이상이 있는 경우를 뜻한다. 남성이 XY 성염색체를, 여성이 XX 성염색체를 갖는다는 것은 상식이다. 이 중 육체적 성을 결정하는 데 중요한 역할을 하는 것은 Y 염색체다. 이 Y 염색체에 이상이 있거나 분화가 원활하게 이뤄지지 않으면 남아로 출생한 후 트랜스젠더가 될 수 있다.

이처럼 유전의 총본부인 염색체의 이상으로 인해 트랜스젠더가 될 수 있지만 대부분 트랜스젠더의 염색체 특징은 일반인과 크게 다르지 않은 것으로 나타났다. 그 결과 과학자들은 유전적 이상에 대한 연구에서 해부학, 생리학 분야로 눈을 돌렸고, 특히 '뇌'에 집중했다.

인간의 뇌는 발생초기에 남녀 모두 여성의 뇌 구조를 갖고 있다. 이것이 남성의 뇌로 바뀌기 위해서는 안드로겐이라는 남성 호르몬을 충분히 받아야 한다. 자궁 속의 태아는 12주가 돼야 남성 또는 여성으로서 자신의 생식기를 갖게 된다. 그러나 태아의 뇌에서 자신을 남성 또는 여성으로 인식하는 시기는 약 16주가 지나면서부터다. 이 결정적 4주 동안의 기간에 안드로겐이 작용하지 못하거나, 또는 불균형적으로 작용하면 그 사람의 정신적 성은 생식기의 발달과 동일한 성으로 발달하지 못할 수도 있다. 그러한 경우에 태아는 자신의 성에 혼란을 갖고 태어나 트랜스

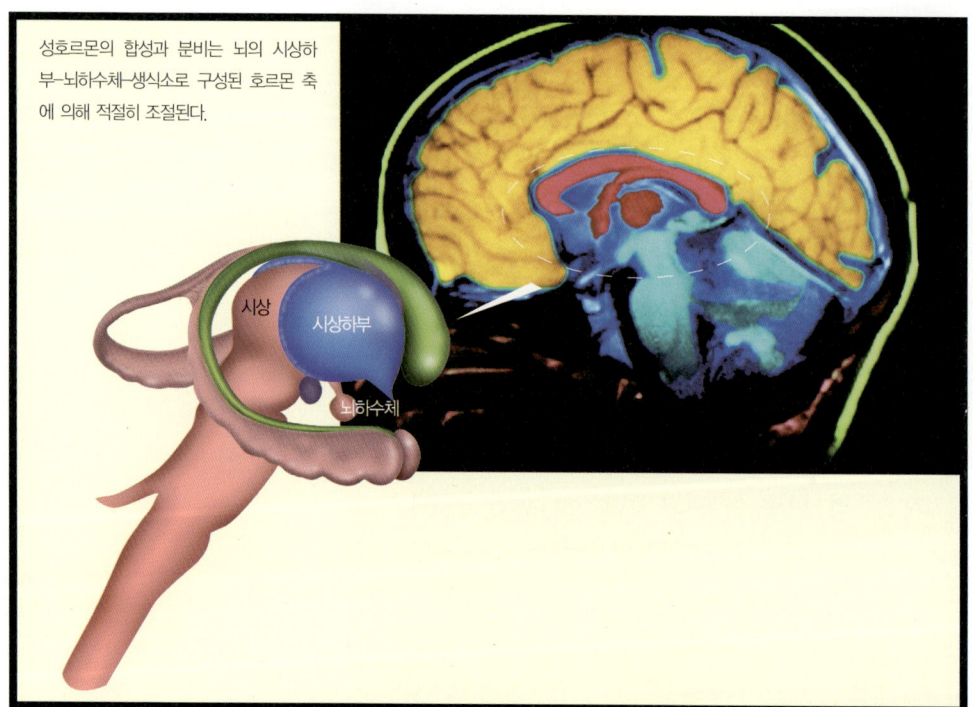

성호르몬의 합성과 분비는 뇌의 시상하부-뇌하수체-생식소로 구성된 호르몬 축에 의해 적절히 조절된다.

젠더가 되는 것이다.

 그렇다면 임신 중 산모의 어떤 상태가 태아의 성결정에 영향을 미칠까. 미국의 발달생리학자 워드 박사의 실험결과는 임신 중 산모의 심한 감정적 충격이나 스트레스가 임신 기간 동안 태아의 성정체성 확립에 영향을 줄 수 있음을 잘 보여준다. 워드 박사는 임신한 레트(실험용 쥐)에게 임신 14일째부터 21일째까지 일주일 동안 매일 세 번 플라스틱 튜브 속에 45분간 가둬두는 심한 스트레스를 줬다.

 이러한 스트레스를 받은 어미에게서 태어난 수컷 레트는 성숙한 후, 암컷의 등 뒤에 올라타는 등 전형적인 수컷의 성행동을

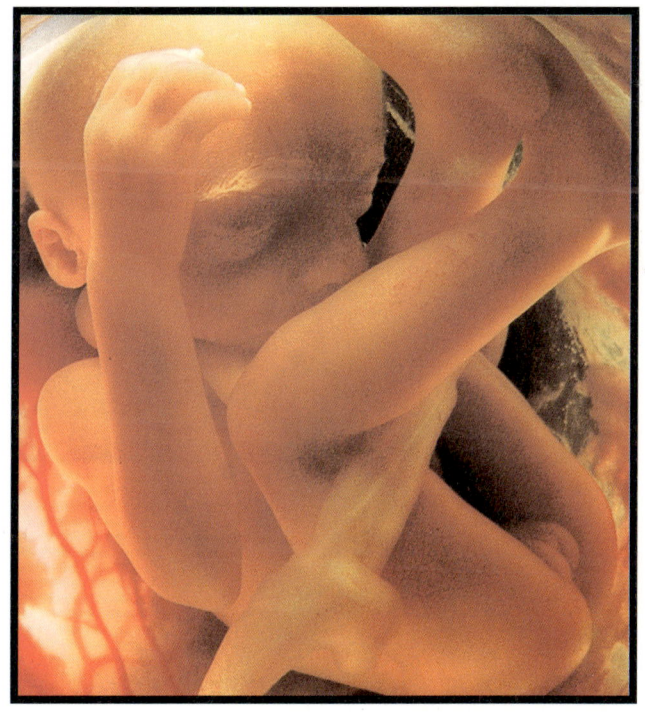

◯ 인간은 남녀 모두 발생초기에 여성의 뇌 구조를 갖는다. 남성의 뇌가 되기 위해서는 임신 16주 이후부터 남성호르몬을 듬뿍 받아야 한다.

보이지 않았다. 대신 암컷의 성행동인 등을 활처럼 휘는 동작을 취했다. 그러나 같이 태어난 암컷은 성숙된 후에 조금도 이상한 행동을 하지 않았다. 어미쥐에게 스트레스를 준 때는 태내에 있는 수컷의 뇌가 안드로겐을 충분히 받아야 하는 시기였다. 이 실험을 통해 워드 박사는 어미의 스트레스가 태내 래트의 안드로겐 작용을 억제한다고 주장했다.

또한 전쟁이 모체에 부여하는 스트레스와 트랜스젠더와의 관계를 밝히는 조사도 있었다. 1943년부터 1953년 사이에 독일에서 태어난 남자를 조사했는데, 1942년부터 1947년에 걸쳐 태어난 남자 중에 트랜스젠더가 눈에 띄게 많은 경향을 발견했다. 말

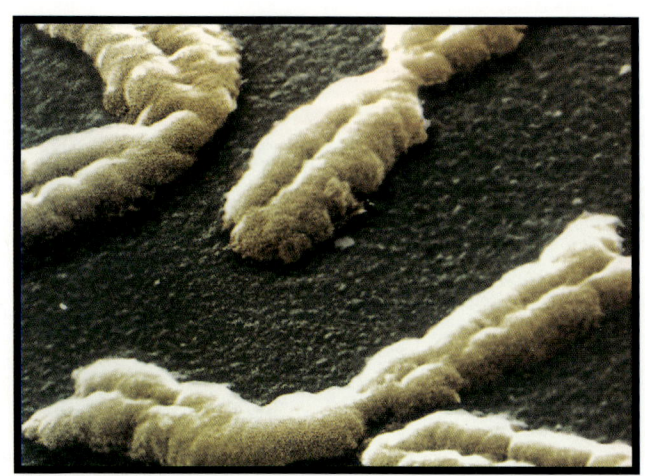

○ 인간의 염색체를 3만5천 배 확대한 모습.

할 필요도 없이 이 기간 중에 독일 전역은 전쟁터로 변했고, 전쟁이 끝난 후에도 혼란상태가 계속돼 사람들은 마음을 진정시킬 여유가 없었다. 즉 이 기간의 남자 태아는 위의 수컷 레트와 같은 조건에 처해있었던 것이다. 그러나 모체가 받은 스트레스가 어떻게 아이에게 영향을 미쳤는가, 그 4주라는 결정적인 기간에 이상 징후가 이뤄진 게 사실인가 등에 대해서는 아직 확실하게 밝혀진 바가 없다.

오늘날 많은 성의학 전문가는 선천적 또는 환경적 요소 중 어느 한 가지만 트랜스젠더의 원인이 되는 것이 아니라, 그 두 가지가 복합적으로 작용하는 것이라고 믿고 있다. 어떤 경우에는 선천적 요인이, 또 다른 경우에는 특정한 가족문제나 사회적 요소가 생물학적 인자와 결합해 트랜스젠더의 원인이 된다고 보고 있다는 것이다.

성적 소수자 가리키는 다양한 용어

● 트랜스젠더(Transgender)

남성이나 여성의 신체를 지니고 태어났지만 자신을 반대 성의 사람이라고 여기는 사람을 가리킨다. 즉 육체적 성과 정신적 성이 일치하지 않는 것을 말한다. 트랜스젠더가 모두 성전환수술 받기를 원하는 것은 아니지만, 그들은 육체와는 반대되는 성으로 인정받기를 바란다. 트랜스젠더 중 성전환수술을 받은 사람을 트랜스섹슈얼(Transsexual)로 세분하기도 한다. 육체적으로 남성이지만 정신적으로는 여성의 성정체성을 가지고 있는 경우는 남성 트랜스젠더(Male to Female transgender), 육체적으로는 여성이지만 남성의 성정체성을 가지고 있는 경우는 여성 트랜스젠더(Female to Male transgender)이라고 부른다.

● 동성애자(Homosexual)

생물학적으로 같은 동성에게 육체적, 감정적 사랑을 느끼는 사람을 가리킨다. 트랜스젠더가 육체와는 반대 성으로 인정받기를 원하지만 동성애자는 자신의 육체적 성에 불만이 없다. 다만 성적 취향이 일반인과 다를 뿐이다. 동성애자는 보통 호모(Homo)라고도 불리는데, 이 용어는 19세기 후반 헝가리 의사가 동성애를 부정적으로 지칭하는 이전의 용어들을 대신해 의학적으로 고안해낸 병리학적 용이다. 그러나 산업화 이후 동성애와 동성애자를 모멸하는 용어로 사용되기 시작했다. 생물학적으로 남성인 사람이 같은 남성에게 사랑의 감정을 느끼는 사람을 게이(Gay), 생물학적으로 여성인 사람이 같은 여성에게 사랑의 감정을 느끼

○ 염색체의 종류에 따라 남성(XY)과 여성(XX)의 생물학적 성결정이 이뤄지지만, 좀더 확실한 차이는 성호르몬의 종류와 그 양에 따라 결정된다.

○ 북아메리카의 베르다세는 생물학적으로 남성이지만 여성의 복장을 입고 여성의 사회적 역할을 하는 '제3의 성'이었다.

는 동성애자를 레즈비언(Lesbian)이라고 부른다.

● 간성(Intersexual)

선천적으로 남성과 여성의 성징(혹은 성기)을 동시에 가지고 태어나는 유전적 장애의 일종이다. 간성에는 여성간성, 남성간성, 진성간성이 있다. 여성간성의 성염색체를 조사해보면 틀림없는 여성(XX)이다. 그러나 외부 생식기를 보면 남성에 가깝다. 남성간성의 성염색체는 남성(XY)이지만 생식기는 여성화돼있다. 진성간성의 경우 남성과 여성의 염색체(XX / XY)를 공유하고 있다. 조선왕조실록에도 등장하는 간성은 아직 정확한 이유가 밝혀지지 않았다. 일반적으로 염색체 이상을 그 원인으로 생각하고 있을 뿐이다.

염색체 이상에는 간성 외에도 클라인펠터증후군과 터너증후군이 있다. 클라인펠터증후군의 성염색체 구성은 XXY로 정상 염색체 수보다 한 개가 더 많아 47개가 되며, 증세는 겉보기에는 남성이지만 성년이 되면서 여성적 징후가 나타난다. 이에 비해 터너증후군은 성염색체 구성이 XO형으로 겉보기는 여성이지만 음모의 발육이 전혀 없거나 불량하며 유방, 자궁 및 질 등의 성기 발육이 저조하다. 가끔 성염색체의 구성이 XXX, XXXX, XXYY, XXXY 등의 모자이크를 보이는 사람들도 있다.

이렇게 성확정이 안 된 경우 보통은 수술을 통해 한 쪽 성을 갖도록 확정해준다. 성확정 수술은 3~4세 이전에 시행하는 것이 바람직한데, 여성으로 확정지어주는 경우가 대부분이다. 또 대체로 간성은 여성에 더 가깝다. 하지만 이러한 시술이 정신적 성과 일치되지 않는 경우 또하나의 트랜스젠더가 되면, 이들은 다시 성전환 수술을 통해 자신의 성을 되찾으려 한다.

● 이성복장자(Transvestite)

반대 성의 복장과 외모를 취함으로써 성적인 또는 감정적인 만족감을 느끼는 사람을 가리키는 말이다. 다른 말로는 크로스드레서(cross-dresser)라고도 한다. 트랜스젠더도 반대 성의 복장을 취하는 경우가 있으나 이성복장자와는 다르다. 이성복장자는 자신의 육체적 성에 불만이 없다. 이성복장자 대부분은 이미 이성과 결혼을 한 사람이거나, 이성의 애인을 가지고 있는 사람이다. 가끔 동성애적 성향을 보여 여성호르몬을 맞거나 부분적 수술을 하는 경우도 있지만, 이는 단순히 좀더 완벽한 상대 성의 모습을 가지려는 목적의 한 방편일 뿐이다. 이들은 자기 스스로 육체적 성에 대한 거부감 내지 성정체성에 대한 혼란은 없으며 단순한 성취향의 일종이다.

뇌사

무엇이 진정한 죽음인가?

Brain

사람은 누구나 태어났다 죽는다. 출생과 사망은 시작과 끝을 의미한다. 그러나 그 시작과 끝의 정확한 시기를 언제로 보느냐에 관해서는 의견이 일치되지 않는다. 특히 죽음의 시기에 관해 '뇌사' 라는 개념이 등장하면서 논란의 대상이 되고 있다.

생과 사의 경계는 무엇일까

지금까지 우리 사회에서 죽음에 대한 통념은 심장기능이나 폐기능이 멎는 심폐사였다. 그러나 현재 의학계에서는 뇌기능이 돌이킬 수 없게 된 뇌사상태에서 심폐기능만의 지속은 생명으로서 무의미하다는 견해가 지배적이다. 20세기 중반 이후 의학 기술의 발달로 인공호흡기와 인공심장 박동기의 출현했고 심폐소생술이 급격히 발전했다. 이로 인해 과거에 사망할 수밖에 없었던 인간의 생명을 기계적으로 연장시킬 수 있게 됨에 따라 과거의 심폐기능 정지설에 의한 사망개념의 가치를 감소시키게 됐다. 이렇게 자신의 심폐기능이 멈춘 후에도 그 기능을 지속시킬 수 있게 됨에 따라 죽음의 시작을 언제로 보느냐에 대한 논란이 시작된 것이다.

1968년 호주의 시드니에서 열린 제22차 세계의사회는 뇌사를 개체의 죽음으로 정의해야 한다고 공식적으로 선언했고(시드니 선언), 우리나라에서도 1999년 2월 장기이식 등에 관한 법률이 국회를 통과하면서 2000년부터는 뇌사가 법적으로 인정됐다.

이처럼 뇌사를 죽음으로 인정하려는 목적은 이미 의학적으로 불합리한 전통적 죽음의 정의를 보완, 수정해 사회발전에 기여하자는 데 있다고 할 수 있다. 이미 뇌사로 사망한 환자를 오랫동안 중환자실에서 인공호흡기나 심장박동기를 달아 생명의 연장이 아니라 심폐기능의 연장을 기도함으로써, 환자 가족들이 겪는 정신적 고통과 경제적 부담 및 사회적 손실을 야기한다는 점이 뇌사에 대한 공식적 선언을 부른 것이다. 또한 1967년 남아연방의 버드너 박사가 시행한 세계 최초 심장이식 수술의 성공 이후, 한 생명의 사망이 다른 생명의 탄생으로 이어지는 장기이식술이 발달함에 따라 뇌사 인정이 가속화됐다.

뇌사에 대한 의학적 판정지침

많은 연구와 임상경험을 근거로 현재 의학계에서 일반적으로

176　뇌, 춤추는 미로

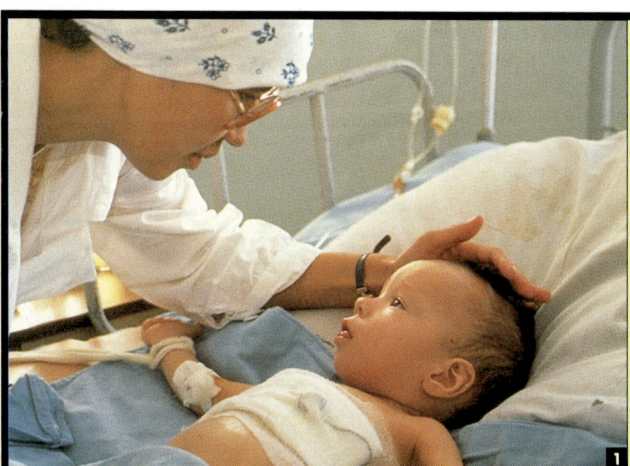
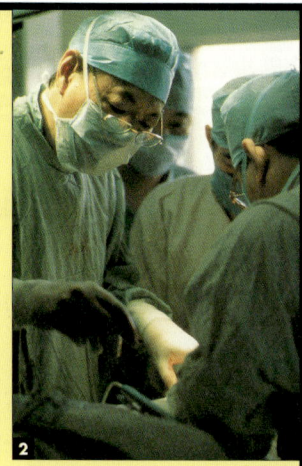

❶ 안락사를 합법화하면 선천적인 장애아가 수술을 받지 못해 안락사를 당할 가능성도 있다. ❷ 수술은 가난한 사람에게는 '특수수단' 이다. 하지만 수술받지 못해 죽는 경우를 '소극적 안락사' 로 분류할 수 있을까. ❸ 죽을 권리가 죽어야 할 의무로 변해서는 안 된다. 안락사의 합법화가 신중해야 하는 이유다.

승인된 정의에 따르면, 첫째, 순환기능과 호흡기능의 돌이킬 수 없는(비가역적) 정지가 이미 있거나, 둘째, 뇌간을 포함하는 뇌 전체의 모든 기능이 돌이킬 수 없이 정지된 개체는 사망한 것이다. 즉, 뇌간을 포함한 뇌 전체의 기능이 돌이킬 수 없이 정지된 인간은 사망한 것으로 보는 것이다. 뇌기능 상실을 판정하는 방법들은 다음과 같다.

● **대뇌 기능의 상실**

깊은 혼수 상태에 있으며 대뇌의 무수용성과 무반응성이 있어야 한다. 의학적 상황에 따라서는 뇌파 혹은 혈류 검사와 같은 확인 검사가 필요할 때가 있으나 대부분의 경우 이런 검사 없이 판정이 가능하며 필수 조건은 아니다.

● **뇌간 기능의 상실**

자발 호흡의 비가역적 소실, 양안 동공의 확대 고정, 뇌간 반사(광반사, 각막반사, 안구두부반사, 전정안구반사, 모양체 척추반사, 구역반사, 기침반사 등)의 소실 등이 뇌간 기능의 상실을 의미한다.

이러한 뇌기능 상실은 경험이 있는 의사에 의해 관찰기간 초기에 입증돼야 한다. 관찰지속기간은 임상적 판단에 관한 사항으로서 약물중독, 저체온, 5세 이하 소아, 쇼크 등의 환자를 제외하면 뇌 기능이 정지한 6시간 이후에는 뇌기능이 다시 회복한 사례가 없는 것으로 보고되고 있다. 그러나 최종적 인정은 여러 전문가들의 신중한 판단에 의해 이뤄져야 한다.

이러한 뇌사에 근거를 두는 기준은 '새로운 종류의 죽음'을 도입하는 것이 아니라 다만 '유기체 전체의 와해'라는 단일 현상으로서의 죽음의 개념을 보강하는 것이다. 이는 단지 죽음을 인지

뇌, 춤추는 미로

◐ 네델란드 상원에서 세계 최초로 안락사를 법제화하려는 움직임을 보이자 헤이그 정부청사 앞에 모여 반대시위를 벌이는 노인들.

하는 새로운 방법을 허용할 뿐이다.

뇌사와 식물인간

뇌사가 '뇌기능이 완전히 정지돼 회복 불가능한 상태가 되는 것'을 의미하는 것에 비해, 식물인간은 '의식이 없고 전신이 경직된 채로 대사라는 식물적 기능만을 하는 인간'을 의미하며, 식물상태인간이라고도 한다. 원인은 두부외상, 척추손상, 뇌혈관 손상, 뇌척수종양, 중독 등 여러 가지가 있지만, 가장 많은 것은 교통사고 등에 의한 두부외상이다.

대뇌피질이 손상을 입으면 운동기능이나 의식이 정지되고, 뇌간(腦幹)이 담당하는 호흡기능, 소화기능, 심장박동기능밖에 하지 못하게 된다. 환자 중에는 10년 이상이나 무의식상태로 잠들었던 사람도 있다. 환자는 모두 오줌의 실금증세(失禁症勢)와 사지의 경직을 나타내고, 코로부터의 강제적인 영양의 보급만으로 생명을 유지하게 된다. 의사가 계속 돌보지 않으면 1주일도 견디지 못한다. 증세가 가벼운 경우에는 의식이 회복되는 수가 종종 있다.

식물인간과 뇌사자는 의식 없이 혼수상태에 빠져있기는 마찬가지지만, 식물인간은 뇌간이 아직 기능을 하고 있기 때문에 몇 달 혹은 몇 년이고 그러한 무의식상태에서 살 수 있다. 그러나 뇌사자는 대뇌, 소뇌뿐만 아니라 뇌간까지 기능을 상실하고 있기 때문에 길게 살아도 2주 이상은 생존이 불가능하다.

Cross Words Puzzle

탐구마당
사이언스 십자말 풀이

세로열쇠

1. 지금까지 우리 사회에서 죽음에 대한 통념으로 여겨져온 심장기능이나 폐기능이 멎는 현상.
2. 알츠하이머병으로 사망한 환자의 뇌에서 많이 발견되는 물질이며 치매의 원인으로 추정되는 물질.
3. 뇌기능이 완전히 정지돼 회복 불가능한 상태가 된 사람.
4. 몸과 마음이 안정된 상태에서 발생되는 뇌파의 한 종류.
5. 신경세포 뉴런들간의 미세한 결합부위이며 신경 전달 물질이 분비된다.

가로열쇠

1. 보고, 듣고, 느낀 감각들을 적절히 이해하지 못해 사회적 관계형성, 의사소통, 행동 등에 심각한 문제를 일으키는 뇌질환.
2. 최초로 밝혀진 신경 전달 물질이며, 근육의 수축에도 관여한다.
3. 척수의 한 부분이 비대해지면서 발달한 뇌로, 생명을 유지하는 데 기본적인 것들을 조절한다. 식물인간은 이 부분의 기능이 유지되므로 무의식 상태에서도 몇 달 혹은 몇 년 동안 살 수 있다.
4. 알코올의 분해과정에서 생성되는 물질로 술을 마셨을 때 얼굴이 붉어지게 만든다.
5. 인체의 여러 감각 중에서 인간에게 가장 직접적이고 종합적인 정보를 제공함으로써 가장 중요한 역할을 하는 감각기능.
6. 각성제의 한 종류이며 뇌에서 분비되는 신경 전달 물질인 도파민과 비슷한 구조를 하고 있다.
7. 인간의 뇌에서 정신기능과 창조성을 발휘하는 물질이며 각성효과를 나타내기도 한다.
8. 성적 주체성 장애로 인해 상대 성징을 획득하려는 집착에 사로 잡혀있는 사람.

[선생님도 놀란 과학뒤집기] ⑱   이 렇 게 정 리 해 봅 시 다

뇌

지금까지 '뇌' 라는 주제를 인간, 자연, 기술, 역사, 문화 영역으로 나누어 생각해보았습니다. 책을 통해 읽은 내용을 충분히 이해하는 것도 중요하지만, 체계적으로 정리하는 것도 필요합니다.
지식의 창고가 아무리 크다고 해도 제대로 정리돼있어야 어떤 문제를 대하더라도 문제 해결의 실마리를 찾을 수 있습니다.
그러면 '뇌' 를 읽고 이렇게 정리해볼까요.

1장 사람과 뇌
뇌는 어떻게 진화해왔을까요? 인간의 뇌는 어떤 구조로 돼있을까요? 뇌신경세포들은 어떻게 신호를 주고받을까요? 남성과 여성의 뇌는 무엇이 다른가요?

2장 뇌가 만드는 현상
기억과 꿈의 메커니즘은? 잠을 자는 동안 뇌는 활동을 할까요? 생체 시계는 우리 몸의 어디에 있나요? 생화학적인 사랑의 근원은 뇌의 어느 부분인가요?

3장 뇌를 연구하는 기술
뇌의 활동과 뇌파는 어떤 관계가 있을까요? 인공두뇌는 현실 가능할까요? 치매, 우울증, 자폐증의 원인은 무엇일까요?

4장 뇌를 연구한 사람들
대뇌의 좌우 반구는 기능면에서 차이가 있을까요? 마취의 원리는 무엇일까요? 뇌 수술은 언제부터 했을까요?

5장 현대 사회와 뇌
알코올과 환각제는 뇌에 어떻게 작용할까요? 트랜스젠더는 유전일까, 환경일까요?

더 나아가 생각해볼 내용
죽음에 대한 전통적인 생각은 무엇이며, 뇌사와 식물인간은 어떻게 다른지 생각해보세요.

[선생님도 놀라는 과학리뷰] ⑱ 뇌, 춤추는 미로

    도 움 주 신 분 들

강봉균(서울대 생명학부 교수)
김의종(서울시립 은평병원 정신과 전문의)
김정오(서울대 심리학과 교수)
박문일(한양대 의대 산부인과 교수,
　　　　대한 태교 연구회장)
박선영(동국대 교육학과 교수)
신동원(서울대 강사, 한국의학사)
심재우(고려대 법학과 교수)
연병길(한림대 의대 정신과 교수)
유준현(삼성의료원 가정의학과장)
윤상호(동아일보 기자)
이덕환(서강대 화학과 교수)
이민수(고려대 의대 정신과 교수)
이성주(동아일보 기자)
이성호(상명대 생물학과 교수)
이원로(삼성의료원 내과 부장)
정재승(고려대 물리학과 연구교수)
홍승봉(삼성병원 수면장애클리닉 신경과 교수)

Special Thanks